施工现场特种作业人员
安全技术一本通

建筑焊工

魏文彪 主编

中国电力出版社
CHINA ELECTRIC POWER PRESS

内 容 提 要

本书以国家有关建筑焊工安全作业的规程规范为基础，以保证建筑焊工作业时的人身和设备安全为主线，分为7章，分别介绍了焊接与切割技术基础、气焊与气割安全、电弧焊安全、压焊安全、焊接缺陷与变形、焊接与切割作业劳动卫生防护、焊割安全操作技术等内容，是建筑焊工作业人员安全技术考核培训教材。

本书从建筑焊工基础知识入手，着重于实际操作中的安全技术，强调实践技能。全书图文并茂，直观明了，通俗易懂，不仅可以作为焊工作业人员安全技术考核用书，还可以作为焊工作业人员上岗后不断巩固、提高技术水平的工具书。

图书在版编目（CIP）数据

建筑焊工/魏文彪主编. —北京：中国电力出版社，2015.3
（施工现场特种作业人员安全技术一本通）
ISBN 978 - 7 - 5123 - 7020 - 3

Ⅰ.①建… Ⅱ.①魏… Ⅲ.①建筑工程－焊接－安全技术 Ⅳ.①TU758.11

中国版本图书馆 CIP 数据核字（2015）第 000797 号

中国电力出版社出版发行
北京市东城区北京站西街 19 号　100005　http：//www. cepp. sgcc. com. cn
责任编辑：梁　瑶　联系电话：010-63412605
责任印制：蔺义舟　责任校对：郝军燕
航远印刷有限公司印刷·各地新华书店经售
2015 年 3 月第 1 版·第 1 次印刷
700mm×1000mm　1/16·14 印张·262 千字
定价：32.00 元

前　言

　　由于建筑施工特种作业人员在房屋建筑和市政基础设施工程施工活动中，会从事可能对本人、他人及周围设备设施安全造成危害的作业，因此，建筑施工特种作业人员应当严格按照技术标准、规范和规程作业。

　　为了切实加强对建筑施工特种作业人员管理，提高特种作业人员安全意识和基本技能，预防和减少事故发生，国务院、住房和城乡建设部等相关部门就特种作业人员管理制定了一系列的法律法规和规定，也要求建筑施工特种作业人员应经建设行政主管部门考核合格，取得建筑施工特种作业人员操作资格证书后，方可上岗从事相应作业。

　　为此，我们根据《建筑施工特种作业人员管理规定》《建筑施工特种作业人员安全技术考核大纲（试行）》《建筑施工特种作业人员安全操作技能考核标准（试行）》等相关规定，编写了《施工现场特种作业人员安全技术一本通》系列丛书，该丛书详细介绍了特种作业人员必须掌握的安全技术知识和操作技能，内容力求浅显易懂，深入浅出，突出实用性、实践性和可操作性，以便于达到学以致用的目的。

　　《施工现场特种作业人员安全技术一本通》系列丛书包括四分册，分别为《建筑焊工》《建筑电工》《建筑架子工》《建筑起重安装拆卸工》。每一分册的编写是从基础理论知识入手，着重于特种作业人员实际操作中的安全技术，强调实践技能。

　　参加本书编写的人员有周胜、高爱军、郭爱云、魏文彪、张正南、武旭日、张学宏、李仲杰、李芳芳、叶梁梁、刘海明、彭美丽、刘小勇、侯洪霞、祖兆旭、张玲、陈佳思、王婷等，对他们的辛勤付出一并表示感谢！

　　由于编写时间紧，书中难免有错误和不当之处，恳请读者批评指正。

编者

目　录

项目1 ... 焊接与切割技术基础

1.1 焊接与切割的原理与分类

1.1.1 焊接的原理与分类

1. 焊接的原理

焊接是通过加热或加压，或两者并用，并可采用填充材料，使焊件达到结合的一种加工工艺。在焊接过程中，对焊件进行加热加压，促使原子间的相互扩散，减小原子间的距离，使焊件彼此接近到原子间的力能够相互作用的程度，以实现原子的相互结合，利用原子结合力把两个零件连接固定成为一个整体。

2. 焊接的分类

焊接可分为熔焊、压焊和钎焊三类。

（1）熔焊。熔焊是利用局部加热使连接处的母材金属熔化，再加入（或不加入）填充金属形成焊缝而结合的方法。当被焊金属加热至熔化状态形成液态熔池时，原子之间可以充分扩散和紧密接触，因此，冷却凝固后即可形成牢固的焊接接头，如焊条电弧焊（原称手工电弧焊）、气焊、氩弧焊、电渣焊等。

（2）压焊。压焊是在焊接过程中，在对焊件加热至塑性状态时施加压力以完成焊接的方法。

压焊有两种形式：第一种是将被焊金属接触部分加热至塑性状态或局部熔化状态，然后施加一定的压力，以使金属原子间相互结合而形成牢固的焊接接头，如电阻焊、闪光焊等；第二种是不进行加热，仅在被焊金属的接触面上施加足够大的压力，借助压力所引起的塑性变形，以使原子间相互接近而获得牢固的压挤接头，如冷压焊、爆炸焊等。

（3）钎焊。钎焊是利用某些熔点低于母材熔点的金属材料作钎料，将焊件和钎料加热到高于钎料熔点，但低于母材熔点的温度，利用液态钎料润湿母材，填充接头间隙并与母材相互扩散实现连接焊件的焊接工艺方法，如烙铁钎焊、火焰钎焊（如铜焊、银焊）等。

3. 焊接的应用

焊接主要用于生产及制造如锅炉、桥梁、造船、化工和炼油的设备（各类贮罐、球罐、箱体、管道等）、起重设备、建筑、飞机和其他工业部门。此外，焊接还用于维修焊补等。

1.1.2 切割的原理与分类

1. 热切割

利用热能使金属材料分离的工艺称热切割。热切割主要有以下两种方法。

（1）气割。这种方法是利用气体燃烧的火焰将钢材的切割处加热到着火点（此时金属尚处于固态），然后切割处的金属在氧气射流中剧烈燃烧，而将切割件分离的加工工艺，目前该方法应用最为广泛。常用氧—乙炔火焰作为气体火焰，也称氧—乙炔气割。可燃气体亦可采用液化石油气、雾化汽油等。

（2）熔割。这种方法是将金属材料加热到熔化状态时进行的切割。这类热切割的方法很多，目前广泛应用的是电弧切割，即利用电弧热量熔化切割处的金属以实现切割的方法。此外，还有氧气（或空气）电弧切割、碳弧切割、等离子弧切割、激光切割等。

2. 冷切割

冷切割是在分离金属材料过程中不对材料进行加热的切割方法。目前应用较多的是高压水射流切割，其原理是将水增压至超高压（$100\sim400$MPa）后，经节流小孔（$\phi0.15\sim\phi0.4$mm）流出，使水压势能转变为射流动能（流速高达900m/s）。用这种高速高密集度的水射流进行切割。磨料水流切割则是在水射流中加入磨料粒子，其射流动能更大，切割效果更好。

3. 切割的应用

切割工艺在生产中有广泛的应用，如备料、改变材料的尺寸、制成不同形状的零件（或毛坯）、切割铸件的浇冒口、拆卸旧设备（如解体旧的金属结构、旧的船只）等。

1.2 常用金属材料

1.2.1 金属材料的分类

常用的金属材料有不同的分类方法。其分类方法如下。

1. 按化学成分分类

按化学成分，可将钢分为碳素钢和合金钢两大类。

(1) 碳素钢。钢和铸铁的主要元素都是铁和碳，钢的含碳量<2.11%，铸铁的含碳量为 2.11%~6.67%。钢材中除含有铁和碳元素外，还含有少量的锰和硅（这是在炼钢时作为脱氧剂加入的）以及极少量的硫和磷（炼钢原料的杂质），这种钢就是碳素钢。碳素钢按含碳量又分为低碳钢（含碳量<0.25%）、中碳钢（含碳量 0.25%~0.60%）和高碳钢（含碳量>0.60%）。

(2) 合金钢。为提高钢材的力学性能（如强度、塑性等）以及获得某些特殊性质（如耐腐蚀、耐磨等），在钢材中加入某些合金元素，如铬、镍、钛、钼、钨、钒、锰等，这种钢就是合金钢。合金钢按合金元素的多少，可分为低合金钢（合金总含量≤5%）、中合金钢（合金总含量为 5%~10%）和高合金钢（合金总含量>10%）。根据合金钢中含有的主要合金元素的种类，合金钢又可分别称为锰钢、铬钼钢等。

2. 按品质分类

根据钢中含有害杂质磷、硫的含量，可分为普通钢、优质钢和高级优质钢。

(1) 普通钢。含硫量小于 0.055%~0.065%，含磷量小于 0.045%~0.085%的是普通钢。

(2) 优质钢。含硫量小于 0.030%~0.045%，含磷量小于 0.035%~0.040%的是优质钢。

(3) 高级优质钢。含硫量小于 0.020%~0.030%，含磷量小于 0.027%~0.035%的是高级优质钢。

3. 按金相组织分类

(1) 按退火后的金相组织分类。按退火后的金相组织分类，可分为亚共析钢（组织为铁素体+珠光体）、共析钢（组织全部为珠光体）和过共析钢（组织为二次渗碳体+珠光体）。

(2) 按正火后钢的金相组织分类。按正火后钢的金相组织分类，可分为珠光体钢、贝氏体钢和奥氏体钢。

(3) 按加热到高温或由高温冷却到室温时有无相变和在室温时的主要金相

组织分类。可分为铁素体钢、半铁素体钢、半奥氏体钢和奥氏体钢。这一分类方法只适用于高合金钢。

4. 按用途分类

根据用途的不同，可分为结构钢、工具钢、特殊性能钢和专业用钢。

（1）结构钢。结构钢主要用于工程结构和机械零件，如桥梁、船舶、建筑、轴、箱体、齿轮等。

（2）工具钢。工具钢主要用于刀具、量具、模具等。

（3）特殊性能钢。特殊性能钢主要用于需要具备特殊性质处，可细分为不锈耐酸钢、耐热钢、耐磨钢、低温钢和电工用钢。其中，不锈耐酸钢、耐热钢和低温钢在锅炉压力容器压力管道方面应用较多。

（4）专业用钢。专业用钢可细分为船舶用钢、桥梁用钢、压力容器用钢、锅炉用钢、钢轨用钢等。

1.2.2　钢材的牌号及焊接性评价

1. 钢材的牌号

钢材的牌号比较复杂，下面简要介绍焊接常见的钢材牌号，如 10、20g、Q235A 和 16MnR 等几种牌号的含义。

（1）表示钢材的平均含碳量。如上列牌号中的 10、20g、16MnR 等。钢材平均含碳量是以万分之一（0.01％）作单位的。例如，钢材牌号"10"，即表示优质碳素结构钢，平均含碳量为 0.1％（10×0.01％＝0.1％）。

（2）表示钢材的用途。如上列牌号中的"g"表示锅炉钢，"R"表示压力容器用钢。

（3）表示钢材的主要合金元素。如上列牌号中的"Mn"，即表示平均含锰量＜1.5％。

由此可以看出牌号 16MnR 各部分的含义是："16"表示平均含碳量为 0.16％，"Mn"表示平均含锰量＜1.5％，"R"表示压力容器用钢。

（4）表示钢材的力学性能和质量。如上述牌号中的 Q235A，"Q"表示屈服点字母，"235"表示屈服点为 235MPa，"A"表示质量等级为 A 级。

2. 钢材焊接性的评价方法

各种钢材所含合金元素的种类和含量不同，其可焊性也就有差别。生产实践的经验证明，钢中含碳量的多少对焊接性影响很大。碳当量法就是把钢中各种元素都分别按照相当于若干钢材的焊接性所表示出的最常用的评价方法。将钢材中合金元素（包括碳）的含量按其作用换算成碳的相当含量，称为碳当量。使用碳当量可以评价钢焊接时产生冷裂纹的倾向和脆化倾向。

对于碳钢和低合金结构钢，碳当量计算公式如下

$$C_E = C + \frac{Mn}{6} + \frac{Ni + Cu}{15} + \frac{Cr + Mo + V}{5}(\%) \qquad (1-1)$$

式中，右边各项中的元素符号表示钢中化学成分元素含量，%。

对于某种材料，用碳当量法求出其碳当量后，再与经验数据比较，即可判断其焊接性。

当 $C_E < 0.4\%$ 时，焊接性优良，淬硬倾向不明显，焊接时不必预热。

当 $C_E = 0.4\% \sim 0.6\%$ 时，钢材的淬硬倾向逐渐明显，需要采取适当预热、控制线能量等工艺措施。

当 $C_E > 0.66\%$ 时，淬硬倾向更强，属于较难焊的材料，需采取较高的预热温度和严格的工艺措施。

利用碳当量来评定钢材的焊接性，只是一种近似的方法，因为碳当量法虽然考虑了化学成分对焊接性的影响，却没有考虑结构刚性、板厚、扩散氢含量等因素。

1.2.3 金属材料的焊接

1. 钢材的焊接

(1) 碳素钢的焊接。低碳钢是焊接钢结构中应用最广的材料。它具有良好的焊接性，可采用交直流焊机进行全位置焊接，工艺简单，使用各种焊法施焊都能获得优质的焊接接头。不过，在低温（零下 10℃ 以下）和焊厚件（大于 30mm）以及焊接含硫磷较多的钢材时，有可能产生裂纹，应采取适当预热等措施。

中碳钢和高碳钢在焊接时，常发生下列困难。

1) 在焊缝中产生气孔。

2) 在焊缝和近缝区产生淬火组织甚至发生裂缝。这是由于中碳钢和高碳钢的含碳量较高，焊接时，若熔池脱氧不足，氧化铁与碳作用生成一氧化碳，形成一氧化碳气孔。

另外，由于钢的含碳量大于 0.28% 时容易淬火，因此焊接过程中可能出现淬火组织。有时，由于高温停留时间过长，在这些区域还会出现粗大的晶粒，这是塑性较差的组织。当焊接厚件或刚性较大的构件时，焊接内应力就可能使这些区域产生裂缝。

焊接碳素钢时应加强对熔池的保护，为防止空气中的氧侵入熔池，可在药皮中加入脱氧剂。焊接含碳量较高的碳素钢时，为防止出现淬硬组织和裂纹，应采取焊前预热和焊后缓冷等措施，以及后面讨论的减小焊件变形的其他措施。

(2) 合金钢的焊接。合金钢是在碳钢的基础上，为了获得特定的性能（如

高强度、耐热、耐腐蚀、耐低温等）有目的的加入一种或多种合金元素。在结构钢中加入了少量的合金成分，可极大地提高钢的性能，低合金高强度钢在结构用钢中得到了广泛的应用。而特殊用途钢（不锈钢、耐热钢、耐酸钢、磁钢等）基本都是合金钢。

合金钢焊接的主要特点是：在热影响区有淬硬倾向和出现裂纹，随着强度等级的提高，或采用过快的焊接速度、过小的焊接电流；或在寒冷、大风的作业环境中焊接，都会促使淬硬倾向和裂纹的增加。

因此，焊接合金钢时，应尽可能减缓焊后冷却速度和避免不利的工作条件。用电弧焊接时，最好进行 $100 \sim 200 \, ℃$ 的低温预热，并且采用多层焊。要尽可能采取前述减小应力的措施，特别重要的工件可以在焊后进行热处理。

2. 铸铁和有色金属的焊接

（1）铸铁的焊接。铸铁比钢材的焊接性差。铸铁在焊接时只要冷却速度稍快就会产生脆硬白口组织，它的硬度很高，很难进行机械加工。另外，片状石墨把金属组织分割开来，使得铸铁的塑性很差，延伸率几乎等于零，在焊接应力作用下易产生裂纹。

铸铁焊接裂纹可分为冷裂纹与热裂纹。当焊缝组织为铸铁型时，较易出现冷裂纹；若焊缝的石墨化不充分，有白口层存在时，因白口层的收缩率比灰铸铁大，更容易出现裂纹。当采用镍基焊接材料及一般常用的低碳钢焊条焊接铸铁时，焊缝金属对热裂纹较敏感。

铸铁的熔化和凝固过程，没有经过半流体状态，因此在凝固时气体往往来不及析出而生成气孔。这一特性使得铸铁只宜平焊。

目前在生产中铸铁的焊接常采用下列方法。

1）冷焊法。在焊接前工件不预热或预热温度低于 $300 \sim 350 \, ℃$ 的铸铁焊补冷焊。可采用各种不同焊条的焊条电弧焊进行冷焊。铸铁冷焊效果不如热焊，但焊接过程简单方便，常用于焊补不要求加工的零件或焊补缺陷较小的铸件。

2）热焊法。把焊件预热到 $600 \sim 700 \, ℃$ 再进行焊接。工件在焊接前应很好地清理。焊条涂料的成分主要有石墨、硅铁、白垩等，以增加石墨化元素的含量，改变焊缝的化学成分，使焊缝形成灰口组织。小件可以采用气焊。焊后埋入热灰或砂中缓冷，使石墨容易析出，防止产生白口组织。

热焊的缺点是工作繁重，成本高；表面经过机械加工的铸件，在高温下预热会发生氧化。此外，石墨的析出还往往引起工件尺寸的变化。

3）钎焊法。采用以黄铜为钎料的钎焊，母材不熔化，可避免产生白口组织。

（2）有色金属的焊接。

1）铜和铜合金的焊接。铜和铜合金的焊接性差，其原因如下。

a. 铜的导热性良好，所以焊接过程的热量散失较大，使加热效率降低。

b. 液态铜对氢有很大的溶解度。温度下降时，溶解度则大大下降，尚未析出的氢原子的集结，容易生成气孔和表面气孔。

c. 铜的化学性质活泼，在高温下容易氧化成氧化铜，氧化铜易与铜组成脆性组织；同时，铜热膨胀系数较大，焊接时常造成较大内应力。这是铜的焊接接头容易出现裂缝的原因。

目前，铜及铜合金的焊接以气焊比较适用。进行气焊时应采用严格的中性焰，并采用硼砂或硼砂与硼酸的混合物作为焊剂。

焊接黄铜时，常用氧化焰，氧化焰使熔池表面生成一层氧化锌保护膜，因而防止了锌的过量蒸发。

2）铝及铝合金的焊接。铝及铝合金的可焊性差，其原因如下。

a. 铝的导热性良好，而且其熔点只有658℃，焊接时很容易烧穿。

b. 铝在热状态下很脆，在焊接应力作用下很容易发生裂缝。

c. 铝的化学性质活泼，特别容易氧化生成氧化铝，其熔点为2050℃，其相对密度比铝大，产生氧化铝后将妨碍焊接操作，容易产生夹渣。

因此，铝的焊接最好采用氩弧焊，也常采用气焊。焊前应仔细清理工件表面，去除氧化层。焊接厚的工件时应适当预热，为了去除焊接时产生的氧化铝，要使用氯化物或氟化物的焊剂。焊后应将残余焊剂洗净，以免工件金属被继续侵蚀。

1.3　焊接材料

焊接材料是指焊接时所消耗的材料（包括焊条、焊丝、焊剂、气体等）的统称。

1.3.1　电弧焊焊接材料

常用的手工电弧焊材料主要是焊条。

1. 焊条的构成

涂有药皮的供焊条电弧焊用的熔化电极叫做焊条。焊条由焊芯和药皮两部分组成。

（1）焊芯。是指焊条内的金属丝，它具有一定的直径和长度。

焊芯在焊接时的作用有两个：一是作为电极传导电流，产生电弧；二是熔化后作为填充金属，与熔化的母材一起组成焊缝金属。

（2）药皮。药皮是压涂在焊芯表面的涂料层，它由矿石粉、铁合金粉和胶粘剂等原料按一定比例配制而成。

药皮具有下列作用。

1) 提高焊接电弧的稳定性。药皮中含有包含钾和钠成分的"稳弧剂"，能提高电弧的稳定性，使焊条容易引弧、稳定燃烧以及熄灭后的再引弧。

2) 保护熔化金属不受外界空气的影响。药皮中的"造气剂"在高温下产生的保护性气体与熔化的焊渣使熔化金属与外界空气隔绝，能够防止空气侵入。熔化后形成的熔渣覆盖在焊缝表面，使焊缝金属缓慢冷却，有利于焊缝中气体的逸出。

3) 过渡合金元素使焊缝获得所要求的性能。药皮中加入一定量的合金元素，有利于焊缝金属脱氧并补充合金元素，以获得满意的力学性能。

4) 改善焊接工艺性能，提高焊接生产率。药皮中含有合适的造渣、稀渣成分，使焊渣能获得良好的流动性。焊接时，形成药皮套筒，使熔滴顺利地向熔池过渡，减少飞溅和热量损失，提高生产率和改善工艺过程。

2. 焊条的分类

焊条可以按用途、熔渣酸碱度和药皮的主要成分进行分类。

(1) 按用途分类。焊条按用途分类，可分为10大类，见表1-1。

表1-1　　　　　　　　　　焊条按用途的分类

序号	焊条类别	代号	
		汉字	拼音
1	结构钢焊条	结	J
2	钼及铬钼耐热钢焊条	热	R
3	铬不锈钢焊条	铬	G
	铬镍不锈钢焊条	奥	A
4	堆焊焊条	堆	D
5	低温钢焊条	温	W
6	铸铁焊条	铸	Z
7	镍及镍合金焊条	镍	Ni
8	铜及铜合金焊条	铜	T
9	铝及铝合金焊条	铝	L
10	特殊用途焊条	特	TS

(2) 按熔渣的酸碱度分类。电焊条按熔渣的酸碱度分类，可分为酸性焊条和碱性焊条两大类。

1) 酸性焊条。酸性焊条中含有大量的酸性氧化物，焊接时易放出氧，所以对铁锈不敏感，工艺性能和焊缝成形好，广泛应用于钢结构焊接上。目前，我国酸性焊条焊缝金属的冲击韧性较低，抗裂性差。此外熔渣多为长渣，仰焊较困难。酸性焊条多用于交流电源，一般用于 Q235、Q235F 和某些不太重要的 20R 和 16MnR 焊接结构的焊接。

2）碱性焊条。碱性焊条与强度级别相同的酸性焊条相比，其熔效金属延性和韧性高、扩散氢含量低、抗裂性能强。因此，当产品设计或焊接工艺规程规定用碱性焊条时，不能用酸性焊条代替。但碱性焊条的焊接工艺性能（包括稳弧性、脱渣性、飞溅等）较差，对铁锈、水分、油污的敏感性大，易生成气孔，焊接时放出有毒气体和烟尘较多，毒性也大。目前，我国多用于直流电源短弧焊接重要结构，如：锅炉和压力容器压力管道等。如 E5015 广泛用于 16MnR、15MnV 等压力容器的焊接，甚至用它焊接强度较高的 15MnVNR 和 FG43 钢球形容器。

（3）按药皮的主要成分分类。焊条药皮由多种原料组成，按照药皮的主要成分可以确定焊条的药皮类型。例如，当药皮中含有 30% 以上的二氧化钛及 20% 以下的钙、镁的碳酸盐时，就称为钛钙型。药皮类型分类见表 1-2。

表 1-2　　　　　　　　　　　焊条药皮类型分类

药皮类型	药皮主要成分（质量分数）	焊接电源
钛型	二氧化钛≥35%	直流或交流
钛钙型	二氧化钛 30% 以上，钙、镁的碳酸盐 20% 以下	直流或交流
钛铁矿型	钛铁矿≥30%	宜流或交流
氧化铁型	多量氧化铁及较多的锰铁脱氧剂	直流或交流
纤维素型	有机物 15% 以上，二氧化钛 30% 左右	直流或交流
低氢型	钙、镁的碳酸盐和萤石	直流
石墨型	多量石墨	直流或交流
盐基型	氯化物和氟化物	直流

注　当低氢型药皮中含有适量稳弧剂时，可用于交流或直流焊接。

3. 焊条型号

（1）焊条型号编制。焊条型号是按国家焊条标准对焊条规定的编号，用来区别各种焊条的熔敷金属的力学性能、化学成分、药皮类型、焊接位置和焊接电源种类等。国家标准规定了焊条的技术要求、合格指标、检验方法。

碳钢和低合金钢焊条型号按《非合金钢及细晶粒钢焊条》（GB/T 5117—2012）、《热强钢焊条》（GB/T 5118—2012）规定，碳钢和合金钢焊条型号编制方法见表 1-3。

表 1 - 3　　　　　　碳钢和合金钢焊条型号编制方法

E	××	××	后缀字母	元素符号
焊条	熔敷金属抗拉强度最小值（MPa）	焊接电流的种类及药皮类型（表 1 - 2） "0" "1"：适用于全位置焊 "2"：适用于手焊及平角焊 "4"：适用于立向下焊	熔敷金属化学成分分类代号见表 1 - 4	附加化学成分的元素符号

（2）焊条型号示例。

1）碳钢焊条的型号。碳钢焊条的型号由英文字母和四位数字组成。焊条型号如 E4315，其中"E"表示焊条；前两位数字表示熔敷金属抗拉强度的最小值，单位为 MPa；第三位数字表示焊条的焊接位置，"0"及"1"表示焊条适用于全位置焊接（平、立、仰、横），"2"表示焊条适用于平焊及平角焊，"4"适用于向下立焊。碳钢焊条的型号如图 1 - 1 所示。

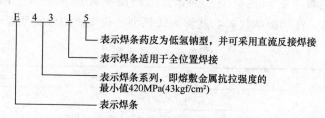

图 1 - 1　碳钢焊条的型号及含义

碳钢焊条型号中第三位和第四位数字组合时表示焊接电流种类及药皮类型，第三、第四位数字的含义见表 1 - 4。

表 1 - 4　　　　　碳钢焊条型号中第三、第四位数字的含义

焊条型号	第三位数字代表的焊接位置	第三和第四位数字组合代表的	
		涂层类型	焊接电流种类
E××00		特殊型	交流或直流正、反接
E××01		钛铁矿型	
E××03		钛钙型	
E××10	各种位置 （平、立、横、仰）	高纤维素钠型	直流反接
E××11		高纤维素钾型	交流或直流反接
E××12		高钛钠型	交流或直流正接
E××13		高钛钾型	交流或直流正、反接
E××14		铁粉钛型	交流或直接正、反接

续表

焊条型号	第三位数字代表的焊接位置	第三和第四位数字组合代表的	
		涂层类型	焊接电流种类
E××15	各种位置（平、立、横、仰）	低氢钠型	直流反接
E××16		低氢钾型	交流或直流反接
E××18		铁粉低氢型	
E××20	平角焊	氧化铁型	交流或直流正接
E××22	平		交流或直流正、反接
E××23	平、平角焊	铁粉钛钙型	交流或直流正、反接
E××24		铁粉钛型	交流或直流正、反接
E××27		铁粉氧化铁型	交流或直流正接
E××28		铁粉低氢型	交流或直流反接
E××48	平、立、仰、立向下	铁粉低氢型	交流或直流反接

2）低合金钢焊条的型号。低合金钢焊条型号编制方法与碳钢焊条基本相同，焊条型号如 E5018-A1，但后缀字母为熔敷金属的化学成分分类代号，并以短画"—"与前面数字分开。如还具有附加化学成分时，附加化学成分直接用元素符号表示，并用短画"—"与前面后缀字母分开。低合金钢焊条的型号如图 1-2 所示。

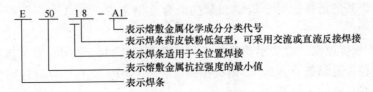

图 1-2　低合金钢焊条的型号及含义

3）不锈钢焊条的型号。不锈钢焊条的型号由英文字母、三位数字和说明组成。焊条型号如 E308-15，字母 E 表示焊条，"E"后面的数字表示熔敷金属化学成分分类代号，如有特殊要求的化学成分，该化学成分用元素符号表示放在数字的后面，短画"-"后面的两位数字表示焊条药皮类型、焊接位置及焊接电流种类。见表 1-5。

表 1-5　　　　　　　　焊条熔敷金属化学成分的分类

焊条型号	分类
E××××-A1	碳钼钢焊条
E××××-B1～5	铬钼钢焊条

续表

焊条型号	分类
E××××-C1～3	镍钢焊条
E××××-NM	镍钼钢焊条
E××××-D1～3	锰钼钢焊条
E××××-G、M、M1、W	所有其他低合金钢焊条

不锈钢焊条的型号如图 1-3 所示。

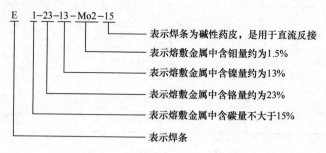

图 1-3　不锈钢焊条的型号及含义

4. 焊条的使用

焊工应熟悉各种焊条的类别、性能、用途以及使用的要领，了解焊条使用说明书及质量保证书中的各项技术指标，才能正确、合理地使用焊条。

（1）焊条的选择。对于碳钢和某些低合金钢来说，在选用焊条时应注意以下一些原则。

1）等强度原则。对于承受静载或一般载荷的工件或结构，通常选用抗拉强度与母材相等的焊条。例如 20 钢抗拉强度在 400MPa 左右，可以选用 E43 系列的焊条。要注意以下问题。

a. 一般钢材按屈服点来确定等级和牌号（如 Q235），而碳钢焊条按熔敷金属抗拉强度的最低值来定强度等级，两者不能混淆，应按照母材的抗拉强度来选择抗拉强度相同的焊条。

b. 对于强度级别较低的钢材，基本按等强度原则，但对于焊接结构刚度大、受力情况复杂的工件，选用焊条时应考虑焊缝塑性，可选用比母材低一级抗拉强度的焊条。

2）酸性焊条和碱性焊条的选用。在焊条的抗拉强度等级确定后，在决定选用酸性焊条或碱性焊条时，一般要考虑以下几方面的因素。

a. 在容器内部或通风条件较差的条件下，应选用焊接时析出有害气体少的酸性焊条。

b. 当接头坡口表面难以清理干净时，应采用氧化性强，对铁锈、油污等不敏感的酸性焊条。

c. 当母材中碳、硫、磷等元素含量较高时，且焊件形状复杂、结构刚性大和厚度大时，应选用抗裂性好的碱性低氢型焊条。

d. 在酸性焊条和碱性焊条均能满足性能要求的前提下，应尽量选用工艺性能较好的酸性焊条。

e. 当焊件承受振动载荷或冲击载荷时，除保证抗拉强度外，应选用塑性和韧性较好的碱性焊条。

（2）电焊条的烘干。焊条的药皮容易吸潮，使用受潮的焊条焊接，易产生气孔、氢致裂纹等缺陷，造成电弧不稳定、飞溅增多、烟尘增大等不利影响。为了保证焊接质量，焊条在使用前必须烘干。

不同焊条品种要求不同的烘干温度和保温时间。在各种焊条的说明书中对此均作出了规定。这里仅介绍通常情况下碳钢焊条的再烘干温度和时间。

酸性焊条药皮中，一般均有含结晶水的物质和有机物。再烘干时，应以除去药皮中的吸附水，而不使有机物分解变质为原则。因此，烘干温度不能太高，一般规定为 75～150℃，保温 1～2h。

碱性焊条烘干时，由于碱性焊条在空气中极易吸潮，而且在药皮中没有有机物，在烘干时更需去掉药皮中矿物质中的结晶水。因此，烘干温度要求较高，一般需 350～400℃，保温 1～2h。

在烘干焊条时，还需要注意以下几个问题。

1）焊条烘干应放在正规的远红外线烘干箱内烘干，不能在炉子上烘烤，也不能用气焊火焰直接烧烤。

2）禁止将焊条直接放进高温炉内，或是从高温炉中突然取出冷却，以防止焊条因骤冷、骤热而产生药皮开裂脱落，应缓慢加热、保温、冷却。经烘干后的碱性焊条最好放入另一个温度控制在 80～100℃的低温烘箱内存放，以便随用随取。

3）烘干焊条时，焊条不应成堆或成捆地堆放，应铺成层状，$\phi 4mm$ 焊条不超过三层，$\phi 3.2mm$ 焊条不超过五层。

4）焊条烘干一般可重复两次。据有关资料介绍，对于酸性焊条的碳钢焊条，重复烘干次数可以达到五次；但对于酸性焊条中的纤维素型焊条以及低氢型的碱性焊条，则重复烘干次数不宜超过三次。

5）焊接重要产品时，每个焊工应配备一个焊条保温筒。施焊时，将烘干的焊条放入保温筒内。筒内温度保持在 50～60℃，还可放入一些硅胶，以免焊条再次受潮。

（3）电焊条的保管。

1）对入库的焊条，应具有生产厂家出具的产品质量保证书或合格证书。在焊条的包装上，有明显的型号标识。当焊条用于焊接锅炉、压力容器等重要承载结构时，还必须在使用前按规定进行质量复验。否则，不准发放使用。

2）存放焊条的一级库房，应确保干燥、通风良好，室内温度一般保持在10～15℃之间，最低不能低于5℃；相对湿度则要小于60％。

3）储存焊条必须垫高，与地面和墙壁的距离均应大于0.3m以上，使得上下左右的空气流通，以防受潮变质。

4）在焊条的搬运过程中，要轻拿轻放，防止包装损坏。

5）为防止焊条受潮，使用时尽量做到现用现拆包装。并尽量做到先入库的焊条先使用，以免存放时间过长而受潮变质。

1.3.2 埋弧焊焊接材料

埋弧焊焊接材料主要是焊丝和焊剂。

1. 焊丝

焊丝是指焊接时作为填充金属或作为导电的金属丝。焊丝的品种目前有碳素结构钢、合金结构钢、高合金钢和各种有色金属焊丝以及堆焊用的特殊合金等多种焊丝。

（1）焊丝的分类。埋弧焊所用的焊丝有实心焊丝和药芯焊丝两大类，某些特殊的工艺场合应用药芯焊丝，生产中普遍使用的是实心焊丝，如图1-4所示。

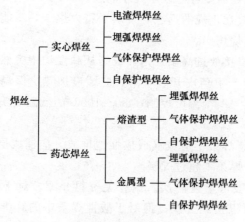

图1-4 焊丝分类

（2）焊丝型号。

1）焊丝的型号编制。型号中的第一个字母H表示焊接用实心焊丝。H后面的第一位数字或两位数字表示平均含碳量。化学符号及其后面的数字表示该元素大致含量的百分比。合金元素含量小于1％时，该合金元素化学符号后面的数字"1"省略。在结构钢焊丝牌号尾部标有 A 或 E 时，A 表示为优质品，说明该焊丝的硫、磷含量比普通焊丝低；E 表示为高级优质品，其硫、磷含量更低，如图 1-5 所示。

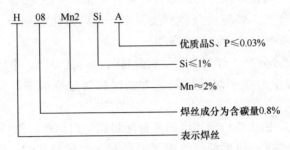

图 1-5 焊丝的型号编制及含义

牌号尾部标有"A"、"E"字样的焊接用钢丝与普通焊接用钢丝相比，除硫、磷含量外，品种规格、化学成分、技术条件、验收规则和试验方法等都相同。

2）焊丝的型号示例。

a. 实心焊丝的型号如图 1-6 所示。

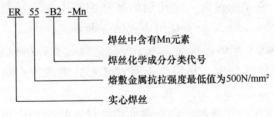

图 1-6 实心焊丝的型号及含义

b. 药芯焊丝的型号如图 1-7 所示。

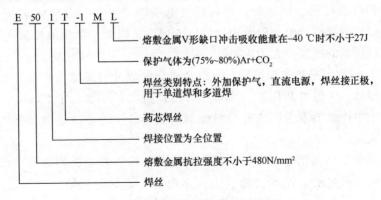

图 1-7 药芯焊丝的型号及含义

2. 焊剂

焊接时能够熔化形成熔渣和气体，对熔化金属起保护并进行复杂的冶金反应的颗粒状物质，叫做焊剂。它是埋弧焊与电渣焊不可缺少的一种焊接材料。

（1）焊剂的分类。焊剂的分类方法很多，可以按化学成分、制造方法以及在焊剂中添加脱氧剂、合金剂进行分类。

1）按化学成分分类。焊剂按化学成分可分为高锰焊剂、中锰焊剂等。

2）按制造方法分类。焊剂按制造方法可分为熔炼焊剂、粘结焊剂和烧结焊剂。

a. 熔炼焊剂。它是将一定比例的各种配料在炉内熔炼，然后经过水冷粒化、烘干、筛选而制成的一种焊剂。熔炼焊剂具有化学成分均匀、防潮性好、颗粒强度高、便于重复使用等优点，是目前国内生产中应用最多的一种焊剂。但其制造过程要经过高温熔炼，且合金元素易被氧化，因此不能依靠焊剂向焊缝大量添加合金元素。

b. 粘结焊剂。它是通过向一定比例的各种配料中加入适量的胶粘剂，混合搅拌后粒化并在低温（400℃以下）烘干而制成的一种焊剂。以前也称为陶质焊剂。

c. 烧结焊剂。它是通过向一定比例的各种配料中加入适量的胶粘剂，混合搅拌后在高温（400～1000℃）下烧结而成的一种焊剂。

后两种焊剂都属于非熔炼焊剂。由于没有熔炼过程，所以化学成分不均匀。但可以在焊剂中添加铁合金，利用合金元素来更好地改善焊剂性能，增大焊缝金属的合金化。

3）按焊剂中添加的脱氧剂、合金剂分类。焊剂按焊剂中添加的脱氧剂、合金剂分类，可分为活性焊剂、中性焊剂和合金焊剂。

a. 活性焊剂。是指在焊剂中加入少量锰、硅脱氧剂的焊剂，它可以提高抗气孔能力和抗裂性能。使用时，提高焊接电压能使更多的合金元素进入焊缝，能够提高焊缝的强度，但会降低焊缝的冲击韧性。因此，准确地控制焊接电压，对采用活性焊剂的埋弧焊尤为重要。

b. 中性焊剂。是指在焊接后，熔敷金属化学成分与焊丝化学成分不产生明显变化的焊剂。中性焊剂用于多道焊接，特别适应于厚度大于25mm的母材的焊接。由于中性焊剂不含或含有少量脱氧剂，所以在焊接过程中需要依赖于焊丝提供脱氧剂。

c. 合金焊剂。是指使用碳钢焊丝，其熔敷金属为合金钢的焊剂。焊剂中添加了较多的合金成分，用于过渡合金。多数合金焊剂为粘结焊剂和烧结焊剂。合金焊剂主要用于低合金钢和耐磨堆焊的焊接。

（2）焊剂型号。

1）焊剂的型号编制。焊剂牌号是根据焊剂中主要成分氧化锰、二氧化硅、氟化钙的平均质量分数来划分的，具体表示为。

a. 由字母"HJ"来表示熔炼焊剂。

b. 字母后第一位数字表示焊剂中氧化锰的平均质量分数，见表1-6。

表1-6　　　　　　　　　　焊剂型号与氧化锰的平均质量分数

牌号	焊剂类型	ω（MnO）
HJ1××	无锰	<2%
HJ2××	低锰	2%～15%
HJ3××	中锰	15%～30%
HJ4××	高锰	>30%

c. 第二位数字表示焊剂中二氧化硅、氟化钙的平均质量分数，见表1-7。

表1-7　　　　　　　焊剂型号与二氧化硅、氟化钙的平均质量分数

牌号	焊剂类型	SiO_2、CaF_2的平均质量分数
HJ×1×	低硅低氟	ω（SiO_2）<10%，ω（CaF_2）<10%
HJ×2×	中硅低氟	ω（SiO_2）≈10%～30%，ω（CaF_2）<10%
HJ×3×	高硅低氟	ω（SiO_2）>30%，ω（CaF_2）<10%
HJ×4×	低硅中氟	ω（SiO_2）<10%，ω（CaF_2）≈10%～30%
HJ×5×	中硅中氟	ω（SiO_2）≈10%～30%，ω（CaF_2）≈10%～30%
HJ×6×	高硅中氟	ω（SiO_2）>30%，ω（CaF_2）≈10%～30%
HJ×7×	低硅中氟	ω（SiO_2）<10%，ω（CaF_2）≈10%～30%
HJ×8×	中硅高氟	ω（SiO_2）≈10%～30%，ω（CaF_2）>30%
HJ×8×	待发展	

d. 第三位数字表示同一类型焊剂的不同牌号，从0～9顺序排列。

2）焊剂的型号示例。

a. 碳钢埋弧焊用焊剂的型号如图1-8所示。

b. 低合金钢埋弧焊用焊剂的型号如图1-9所示。

c. 不锈钢埋弧焊用焊剂的型号如图1-10所示。

（3）焊剂的使用。

1）焊剂的选择。

a. 按制造方法分类的焊剂的特点及应用：熔炼焊剂几乎不吸潮。不能灵活、有效地向焊缝过渡所需合金；在小于1000A情况下焊接工艺性能良好；但脱渣

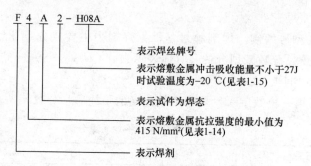

图 1-8 碳钢埋弧焊用焊剂的型号及含义

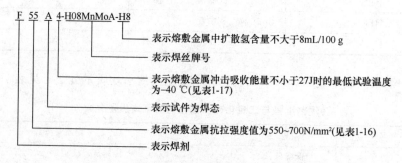

图 1-9 低合金钢埋弧焊用焊剂的型号及含义

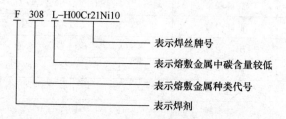

图 1-10 不锈钢埋弧焊用焊剂的型号及含义

性较差，不适宜深坡口、窄间隙等位置的焊接。

烧结焊剂在大于400A情况下焊接工艺性能良好；脱渣性优良；可灵活地向焊缝过渡合金，满足不同的性能及成分要求，适于对脱渣性、力学性能等要求较高的情况；但焊剂易吸潮，焊前必须烘焙，随烘随用。

b. 碱度值不同的焊剂的特点及应用：一般使用碱度值较高的焊剂焊接后焊缝杂质少，有益合金过渡（烧结焊剂），可满足较高力学性能的要求；但对坡口表面质量要求严格，且应采用直流反接性操作。

碱度值较低的焊剂，其焊缝杂质及有害元素不可避免地存在，焊缝性能进一步提高受到限制。但其对电源要求不高，对坡口表面质量要求可适当放宽。

应根据钢种、板厚、接头形式、焊接设备、施焊工艺及所要求的各项性能，来确定满足要求的焊丝焊剂组合。

2）焊剂的烘干。焊剂应妥善保管，并存放在干燥、通风的库房内，尽量降低库房湿度，防止焊剂受潮。使用前，应对焊剂烘干。其烘干工艺是：

a. 熔炼焊剂要求 200~250℃下烘焙 1~2h。

b. 烧结焊剂要求 300~400℃下烘焙 1~2h。

3）焊剂的回收利用。焊剂可以回收并重新利用。但回收的焊剂，因灰尘、铁锈等杂质被带入焊剂，以及焊剂粉化而使粒度细化，故应对回收焊剂过筛，随时添加新焊剂并充分拌匀后再使用。

1.3.3 钨极氩弧焊焊接材料

1. 氩气

氩气是惰性气体，不与被焊的任何金属起化学反应；氩气是单原子气体，在电弧高温下也不分解吸热；氩气不溶解于被焊的液态金属，不会产生气孔；氩气比空气重，使用时不易漂浮失散，有利于起保护作用，所以氩气是一种理想的保护气体。氩气在空气中含量较少，从空气中制取很费时，且成本高，因此氩气比较贵。

《氩》（GB/T 4842—2006）规定用于焊接的氩气纯度应不小于 99.99%。高纯度的氩气才能在焊接活泼的有色金属和高合金钢时起很好的保护作用，避免氧化烧损，也可减轻钨极的烧损。

2. 钨极

用于钨极氩弧焊的电极材料要求电子发射能力要强，电弧稳定性好，耐高温，不易熔化，有较大的许用电流；强度高以及防腐性好，不易损耗等。

钨极氩弧焊所用的电极材料可以分为纯钨极、钍钨极和铈钨极三种。

1）纯钨极。纯钨极密度为 $19.3g/cm^3$，熔点为 3387℃，沸点为 5900℃，是使用最早的一种电极材料。但纯钨极发射电子的电压较高，要求焊机具有高的空载电压。另外，纯钨极易损坏，电流越大，烧损越严重，目前很少使用。

2）钍钨极。钍是放射性物质。在纯钨中加入一定量（0.7%~2.0%）的氧化钍，这种电极材料称为钍钨极。这种钨极具有较高的热电子发射能力和耐熔性；用于交流电时，允许电流值比同直径的纯钨极提高 1/3，空载电压可大大降低，是目前使用较普遍的一种电极材料。但是，钍钨极的粉尘具有微量的放射性，在磨削电极时要注意防护。含氧化钍 1.5%~2.0% 的钍钨极牌号为WTh-15。

3）铈钨极。在钨中加入 2.0% 以下的氧化铈，制成铈钨极。

它比钍钨极具有更大的优点，弧束细长，热量集中，可提高电流密度 5%～8%；烧损率下降 5%～50%，使用寿命延长；易引弧，电弧稳定；几乎没有放射性，因此，目前得到了广泛的应用。铈钨极的优越性尤其表现在大电流焊接和等离子切割时，其损耗率与小电流焊接时相比则更小。含氧化铈 2.0% 的铈钨极牌号为 WCe-20。

常用钨棒直径有 0.5mm、1.0mm、1.6mm、2.0mm、2.4mm、3.2mm、4.0mm 等几种。

目前，国外还有使用含氧化锆 0.15%～0.40% 的锆钨极等。

3. 焊丝

钨极氩弧焊用的焊丝，只起填充金属作用。焊丝的化学成分与母材相同或相近。焊接低碳钢时，为了防止气孔，可采用含少量合金元素的焊丝。

1.3.4　气焊焊接材料

气焊所用的气体分为两类，即助燃气体（氧气）和可燃气体（如乙炔气、液化石油气等）。可燃气体与氧混合燃烧时，放出大量的热，火焰一般最高温度可达 2000～3000℃，实现对金属的焊接。气焊常用的可燃气体是乙炔，目前推广使用的还有丙烷、丙烯、液化石油气（丙烷为主）、天然气（以甲烷为主）等。

1. 乙炔气

乙炔气是一种碳氢化合物，其分子式为 C_2H_2。在常温常压下是无色气体，纯乙炔气略有醚味，工业上用的乙炔因含有磷化氢（PH_3）和硫化氢（H_2S），而具有特殊刺激性臭味。能溶解于水，并能大量溶解于丙酮中。在 -83℃ 时可转变为液体，在 -85℃ 时可转变为固体。

乙炔气体是气焊中使用的燃烧气体，与氧气混合燃烧时火焰温度为 3000～3300℃，足以迅速熔化金属。当乙炔温度达到 580～600℃ 时，同时压力增到 0.15～0.20MPa 时就会发生爆炸。在空气中的乙炔含量在 2.8%～93% 范围内时，一旦接触到明火，立刻就能爆炸。此外，乙炔与纯铜或纯银长期接触，能生成容易发生爆炸的乙炔铜和乙炔银，因此使用时一定要注意安全。

在实际生产中使用的乙炔气体大多为瓶装气体，瓶装乙炔气应符合《溶解乙炔》GB 6819—2004 的要求。

2. 氧气

氧在常温标准大气压下，是无色、无味、无毒的气体，其分子式为 O_2。氧在空气中占 21%。在 0℃ 和 101.325kPa 压力下，$1m^3$ 气体重 1.43kg，比空气重（空气为 $1.29kg/m^3$）。当温度降至 -183℃ 时，氧气由气态变为液态。液态氧温度升高到−183℃时沸腾，汽化为氧气，而氮的沸点为−196℃，氩的沸点为−186℃，故工业上常用液化空气分离法制取氧气。

氧气自身不能燃烧，它是一种活泼的助燃气体，是强氧化剂。可燃气体乙炔、液化石油气只有在氧中燃烧，才能达到最高温度。因此，用于焊接的氧纯度要在99.5%以上。氧气纯度不够，会明显影响燃烧效果和焊、割质量。

压缩纯氧与油脂等可燃物（又如细微分散物炭粉、有机物纤维等）接触，能发生自燃，引起火灾和爆炸。氧气几乎能与所有的可燃气体和蒸汽混合，形成爆炸性混合物。

3. 液化石油气

液化石油气其主要成分是丙烷（占50%～80%）、丁烷、丙丁烯和少量的乙烷、乙烯、戊烷等。在常压下为气态，在0.8～1.5kPa压力下就可变为液态。气态的液化石油气在0℃和101.325kPa压力下密度为1.8～2.5kg/m³，比空气重。

丙烷在纯氧中燃烧的火焰温度可达2800℃左右。液化石油气达到完全燃烧所需的量比乙炔约大1倍，但燃烧速度只有乙炔的一半，不容易回火。因此，用液化石油气代替乙炔，对割炬的结构要做相应的改变。丙烷与空气混合，以体积计占2.3%～9.5%时，遇有明火也会爆炸。

液化石油气还比较便宜，用氧液化石油气切割相比氧乙炔切割燃气费用可大幅度降低，总成本可降低30%以上。液化石油气对普通橡胶管和衬垫有腐蚀作用，容易造成漏气。因此，必须采用耐油性强的橡胶管和衬垫。

液化石油气有一定毒性。当空气中液化石油气的浓度大于10%时，则有使人中毒的危险。因此，使用时必须注意通风。

4. 焊丝

气焊焊丝是焊接用的金属丝，其主要作用是用作填充金属。低碳钢气焊常用H08A焊丝，牌号中"H"表示焊接用钢丝，"08"表示平均含碳量0.08%，"A"表示高级优质钢。

灰铸铁件气焊焊补采用RZC-1或RZC-2铸铁焊丝，型号中"R"表示焊丝，"Z"表示用于铸铁焊接，"C"表示熔敷金属类型为铸铁。生产中灰铸件气焊焊补时，也可采用破断了的废活塞环。

气焊黄铜时可采用HS224硅黄铜焊丝，气焊纯铝可采用HS301纯铝焊丝，气焊铝合金（铝镁合金除外）可采用HS311铝硅合金焊丝。牌号中"HS"表示焊丝；字母之后第1个数字，"2"表示铜及铜合金焊丝，"3"表示铝及铝合金焊丝。

5. 气焊熔剂

气焊铸铁、耐热钢与不锈钢、铜及铜合金、铝及铝合金等都需要用气焊熔剂，其作用是防止氧化（保护）、清除氧化物和增加熔池金属的流动性，改善润湿性能，以利于熔合。气焊低碳钢和普通低合金钢时，不必用气焊熔剂。

CJ101（气剂101）是不锈钢及耐热钢气焊熔剂；CJ201（气剂201）是铸铁气焊熔剂；CJ301（气剂301）是铜气焊熔剂；CJ401（气剂401）是铝气焊熔剂。

1.4 焊接工艺基础

1.4.1 焊接接头

1. 焊接接头的概念

焊接接头是指由两个或两个零件要用焊接组合或已经焊合的接点。检验接头性能应考虑焊缝、熔合区、热影响区甚至母材等不同部位的相互影响。

（1）焊缝。焊缝是指焊件经焊接后所形成的结合部分。

（2）熔合区。也称为熔化焊，焊缝与母材交接的过渡区，即熔合线处微观显示的母材半熔化区。

（3）热影响区。热影响区指焊接或切割过程中，材料因受热的影响（但未熔化）而发生金相组织和机械性能（现称为力学性能）变化的区域。

（4）母材。母材是指被焊金属的统称。

2. 焊接接头形式

焊接接头可分为对接接头、T形接头、十字接头、角接接头、搭接接头、端接接头、套管接头、斜对接接头、卷边接头和锁底对接接头共十种。其中，应用最广的接头是对接接头、T形接头、角接接头和搭接接头四种形式。

（1）对接接头。两焊件端面相对平行的接头，称为对接接头。它是各种焊接结构中采用最多的一种接头形式，如图1-11所示。

（2）T形接头。一焊件的端面与另一焊件表面构成直角或近似直角的接头，称为T形接头。这是一种用途仅次于对接接头的焊接接头形式，如图1-12所示。

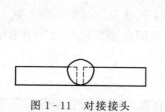

图1-11 对接接头

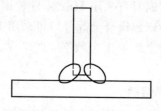

图1-12 T形接头

（3）角接接头。两焊件端面间构成大于30°且小于135°夹角的接头，称为角接接头。这种接头受力状况不太好，常用于不重要的结构中，如图1-13所示。

（4）搭接接头。两焊件部分重叠构成的接头，称为搭接接头。如图1-14所示。

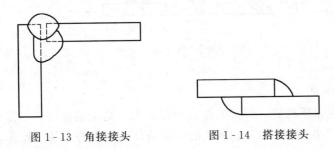

图1-13　角接接头　　　　图1-14　搭接接头

根据结构形式对强度的要求不同，可分为三种形式，如图1-15所示。

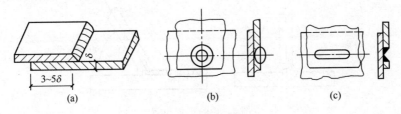

图1-15　搭接接头

（a）不开坡口；（b）圆孔内塞焊；（c）长孔内角焊

不开坡口的搭接接头，一般用于12mm以下钢板，其重叠部分为3～5倍板厚，并采用双面焊接。这种接头的装配要求不高，也易于装配，但这种接头承载能力低，所以只用在不重要的结构中。

当重叠钢板的面积较大时，为保证结构强度可分别选用图1-15（b）、（c）的形式，这种接头形式特别适用于被焊结构狭小处及密闭的焊接结构。

1.4.2　焊接位置

焊接时工件连接处的空间位置叫做焊接位置，焊接位置分为平焊位置、横焊位置、立焊位置和仰焊位置。

焊缝倾角，即焊缝轴线与水平面之间的夹角，如图1-16所示。

焊缝转角，即焊缝中心线（焊根和盖面层中心连线）和水平参照面Y轴的夹角，如图1-17所示。

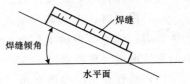

图1-16　焊缝倾角

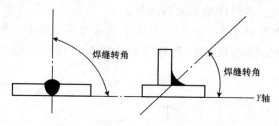

图 1-17 焊缝转角

1. 平焊位置

焊件放在水平位置，焊接电弧在焊件之上，焊工俯视焊件如图 1-18 所示，这种位置的焊接称为平焊。它所在的劳动条件相对较好，易于操作，生产率高，焊接质量容易保证。

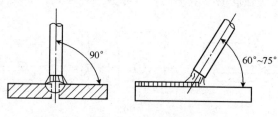

图 1-18 平焊位置

平焊在操作时需要注意以下问题。

（1）根据平焊的特点，为了获得优良焊缝，焊条角度必须掌握正确。

（2）与其他空间位置的焊接比较，允许用较大直径的焊条和较大的焊接电流，生产率较高。

（3）熔渣和铁水易出现混在一起的现象，焊条角度不正确时会出现熔渣超前，形成夹渣。

2. 横焊位置

在焊件的立面或倾斜面（倾斜角度大于 45°）进行横方向的焊接，称为横焊，如图 1-19 所示。

横焊在操作时，需要注意以下问题：

（1）横焊时，由于熔池里液态金属在自重作用下易下淌，容易在焊缝下侧产生焊瘤；容易在焊缝上侧产生咬边等缺陷，所以应选用较小直径的焊条、较小的焊接电流（比平焊时小 5%～10%）；采用多层多道焊；短弧操作。

（2）选择合适的焊条角度。焊条与垂直焊件平面保持角度（75°～80°）。由于上坡口的温度高于下坡口，当熔滴加在上坡口时，上坡口处不做稳弧动作。迅速带至下坡口根部上而形成焊缝，做微小的横移稳弧动作。

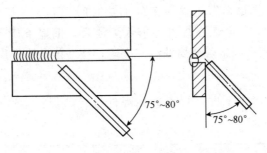

图 1-19 横焊位置

（3）坡口应留有间隙。因为无间隙不易焊透，铁水易下淌。但间隙不宜过大。坡口小时，可增大焊条倾角；间隙大时，可减小焊条倾角。

3. 立焊位置

在焊件立面或倾斜面上（倾斜角度大于 $45°$）进行纵方向的焊接，这种位置的焊接称为立焊，如图 1-20 所示。

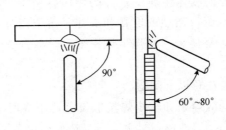

图 1-20 立焊位置

立焊操作时，为便于操作和观察熔池，焊钳握法有正握法和反握法两种。其基本姿势有蹲姿、坐姿和站姿三种。立焊时，由于液态金属受重力作用容易下坠而形成焊瘤，同时熔池金属和熔渣易分离，造成熔池部分脱离熔渣保护，操作或运条角度不当则容易产生气孔。

立焊在操作时需要注意以下问题。

（1）电弧长度应短于焊条直径，利用电弧的吹力托住金属液，缩短熔滴过渡到熔池中的距离，使熔滴能顺利到达熔池。

（2）焊接时要注意熔池温度不能太高，焊接电流应比平焊时小 $10\%\sim15\%$，尽量采用较小的焊条直径。

（3）尽量采用短弧焊接，以利于熔滴过渡和对熔池的保护。

（4）一般采用由下向上焊，焊薄件（小于 3mm）也可以由上向下焊。

（5）正确选择焊条角度（左右方向为 $90°$，与下方垂直平面成 $60°\sim80°$），利用电弧的吹力利于熔滴过渡和托住熔池金属。

（6）焊接时，尽量缩短电弧对工件加热时间，不要过长地停留在某点上。可采用挑弧运条法，当电弧在焊件上形成熔池后，把焊条移开，使电弧暂时离开熔池（不灭弧），有利熔敷金属的冷却凝固，然后再把焊条移回来。

4. 仰焊位置

焊接电弧位于焊件下方，焊工仰视焊件进行的焊接，这种焊接称为仰焊。如图 1-21 所示。

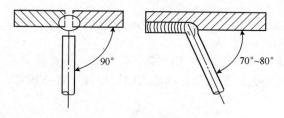

图 1-21　仰焊位置

仰焊时，由于焊池的液体金属受重力的作用容易下滴，焊缝成形困难。此外，焊工操作时容易疲劳，强烈的电弧和火花、熔渣飞溅，熔化金属下滴，稍有不慎会造成焊工的人身伤害。仰焊生产率低，是各种焊接位置中最难施行的一种焊接方法。

仰焊在操作时需要注意以下问题。

（1）选用较小直径的焊条和较小焊接电流（比平焊时小 5％～10％），尽量缩小熔池的体积；否则，熔池体积过大，容易造成熔化金属向下垂落。

（2）焊条的角度。焊条与焊接方向保持 70°～80°角，与焊缝两侧成 90°角。

（3）采用短弧焊接。使熔滴尽快过渡，并依靠表面张力与熔化的基本金属熔合，打底焊时采用短弧焊接方法，运条操作时给一个向上顶的力，即焊条顶住坡口下边缘处，借助电弧吹力击穿坡口钝边，形成熔孔和熔池。此时，迅速熄弧。待熔池边缘变成暗红色时，立即在熔池 2/3 的地方引燃电弧，引燃电弧的同时焊条顶住熔池，向前拉到钝边下边缘处，形成新的熔孔和熔池后迅速熄弧，使新熔池覆盖旧熔池 1/3 左右，直至焊完，特别要注意控制好电弧燃烧时间。填充焊和盖面焊的焊接方法为连弧焊。

1.4.3　焊接坡口

根据设计或工艺需要，在焊件的待焊部位加工成一定几何形状的沟槽，叫作坡口。

坡口的作用是为了保证焊缝根部焊透，使焊接电弧能深入接头根部；在保证接头质量时，还能起到调节基体金属与填充金属比例的作用。

1. 坡口的形式

常用的坡口形式分为I形坡口、V形坡口、U形坡口和X形坡口四种。

（1）I形坡口。I形坡口一般用于厚度在6mm以下的金属板材的焊接，如图1-22所示。

（2）V形坡口。V形坡口形状简单，加工方便，是最常用的坡口形式。这种坡口常用于厚度在6～40mm之间工件的焊接，焊接时为单面焊，不用翻转焊件，但焊后焊件容易产生较大变形。如图1-23所示。

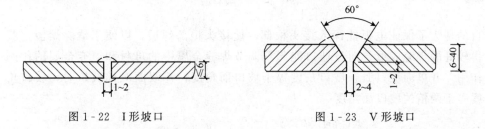

图1-22　I形坡口　　　　　　　　图1-23　V形坡口

（3）U形坡口。U形坡口一般用于厚度大于20mm板材和重要的焊接结构，由于根部有圆弧，加工比较复杂。在焊件厚度相同的条件下，U形坡口的截面积比V形坡口小得多，所以当焊件厚度较大，只能单面焊接时，为提高生产率，可采用U形坡口。U形坡口焊接后变形小。如图1-24所示。

（4）X形坡口。也称双面V形坡口，钢板厚度为12～60mm时，可采用X形坡口。X形坡口与V形坡口相比较，在相同厚度下能减少焊着金属量约1/2，焊件焊后变形和产生的内应力也小些。所以，它主要用于大厚度以及要求变形较小的结构中。如图1-25所示。

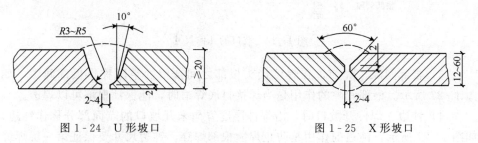

图1-24　U形坡口　　　　　　　　图1-25　X形坡口

另外，还有双U形、单边V形、J形等坡口形式。

2. 坡口的几何尺寸

（1）坡口面。焊件上的坡口表面叫做坡口面，如图1-26所示。

（2）坡口面和坡口角度。焊件表面的垂直面与坡口面之间的夹角，称作坡口面角度；两坡口面之间的夹角，称作坡口角度，如图1-27所示。坡口角度的

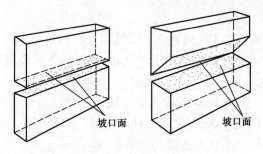

图 1-26 坡口面

目的是为了保证电弧能深入接头根部，使接头根部焊透，以便于清除熔渣，获得较好的焊缝成形，而且坡口能起到调节焊缝金属中的母材和填充金属的比例作用。开单面坡口时，坡口角度等于坡口面角度；开双面对称坡口时，坡口角度等于两倍的坡口面角度。

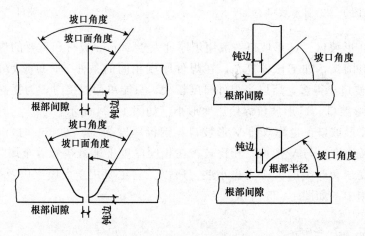

图 1-27 坡口的几何尺寸

（3）根部间隙。焊前，在焊接接头根部之间预留的空隙称作根部间隙，如图 1-27 所示。根部间隙的作用是当焊接打底焊道时，能保证根部可以焊透。

（4）钝边。焊件开坡口时，沿焊件厚度方向未开坡口的端面部分称作钝边，如图 1-27 所示。钝边的作用是防止焊缝根部焊穿。钝边尺寸要保证第一层焊缝能焊透。

（5）根部半径。在 T 形、U 形坡口底部的半径称作根部半径，如图 1-27 所示。根部半径的作用是增大坡口根部的空间，使焊条能够伸入根部的空间，以促使根部焊透。

3. 坡口选择原则

（1）能够保证工件焊透（手弧焊熔深一般为 $2 \sim 4mm$），且便于焊接操作。如在容器内部不便焊接的情况下，要采用单面坡口在容器的外面焊接。

（2）坡口形状应容易加工。

（3）尽可能提高焊接生产率和节省焊条。

4. 坡口的加工

坡口的加工方法可根据焊件的尺寸、形状及本单位的加工条件选用，一般有以下几种方法。

（1）剪边。对于 I 形坡口，可在剪板机上剪切加工或用气体火焰切割等。

（2）刨边。用刨床或刨边机加工坡口。加工 U 形坡口只能用这种方法。

（3）车削。用车床或刨边机加工坡口。该法适用于加工管子的坡口。

（4）切割。用气体火焰手工切割法或自动切割机加工坡口。可以割出 V 形、X 形、K 形坡口。如球罐的球壳板坡口加工就采用此方法。

（5）碳弧气刨。主要用于清理焊根时的开坡口。效率较高，但劳动条件较差。

（6）铲削或磨削。用手工或风动工具铲削或使用砂轮机（或角向磨光机）磨削加工坡口，效率较低。多用于有缺陷时返修部位的开坡口。

坡口的加工质量（如平整度、直度、尺寸均匀性等）及坡口的清理对于焊缝的质量有很大的影响。

1.4.4　焊接焊缝

1. 焊缝的形式

焊缝按不同分类方法，可分为下列几种形式。

（1）按结合形式分类。按焊缝结合形式，可分为对接焊缝、角焊缝、端接焊缝、塞焊缝和槽焊缝五种。

1）对接焊缝。在焊件的坡口面间或一零件的坡口面与另一零件表面间焊接的焊缝。

2）角焊缝。沿两直交或近直交零件的交线所焊接的焊缝。

3）端接焊缝。构成端接接头所形成的焊缝。

4）塞焊缝。两零件相叠，其中一块开圆孔，在圆孔中焊接两板所形成的焊缝。只在孔内焊角焊缝者，不称塞焊。

5）槽焊缝。两板相叠，其中一块开长孔，在长孔中焊接两板的焊缝。只焊角焊缝者，不称槽焊。

（2）按空间位置分类。施焊时焊缝在空间所处位置可分为平焊缝、横焊缝、立焊缝及仰焊缝四种形式，见表1-8。

表1-8   空间位置不同的焊缝

焊缝名称	焊缝倾角/(°)	焊缝转角/(°)	施焊位置
平焊缝	0～5	0～10	水平位置
横焊缝	0～5	70～90	横向位置
立焊缝	80～90	0～180	立向位置
仰焊缝	0～5	165～180	仰焊位置

焊缝不同的空间位置均可采用焊缝倾角及焊缝转角来描述，如图1-28所示。

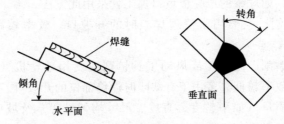

图1-28　焊缝倾角及焊缝转角

（3）按断续情况分类。按焊缝断续情况，可分为连续焊缝和断续焊缝两种形式。断续焊缝又分为交错式和并列式两种，如图1-29所示。

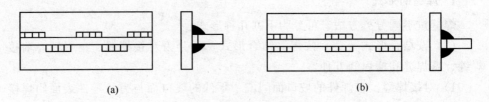

(a)   (b)

图1-29　断续角焊缝

(a) 交错式；(b) 并列式

2. 焊缝的符号

焊缝符号包括基本符号、辅助符号和补充符号。

（1）基本符号。焊缝的基本符号是用来表示焊缝横截面（坡口）形状的，见表1-9。

表 1 - 9　　　　　　　　　焊缝的基本符号

序号	名称	示意图	符号
1	卷边焊缝（卷边完全熔化）		八
2	I 形焊缝		‖
3	V 形焊缝		V
4	单边 V 形焊缝		ㄴ
5	带钝边 V 形焊缝		Y
6	带钝边单边 V 形焊缝		Y
7	带钝边 U 形焊缝		Y
8	带钝边 J 形焊缝		Y
9	封底焊缝		⌣
10	角焊缝		◺

续表

序号	名称	示意图	符号
11	塞焊缝或槽焊缝		⊓
12	点焊缝		○
13	缝焊缝		⊖

　　（2）辅助符号。焊缝的辅助符号是用来表示焊缝表面形状特征的，见表1-10。不需要确切说明时，一般可不用辅助符号。

表 1 - 10　　　　　　　　　　**焊缝的辅助符号**

序号	名称	示意图	符号	说明
1	平面符号		─	焊缝表面平整（一般通过加工）
2	凹面符号		⌣	焊缝表面凹陷
3	凸面符号		⌢	焊缝表面凸起

（3）补充符号。焊缝的补充符号是用来补充说明有关焊缝或接头某些特征的，见表1-11。

表1-11　　　　　　　　　　焊缝的补充符号

序号	名称	示意图	符号	说明
1	带垫板符号	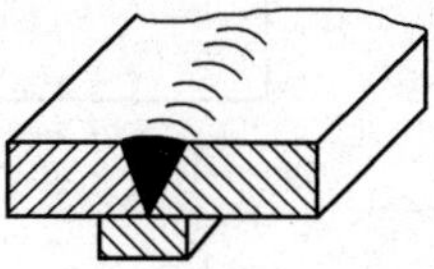	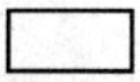 ▭	表示焊缝底部有垫板
2	三面焊缝符号	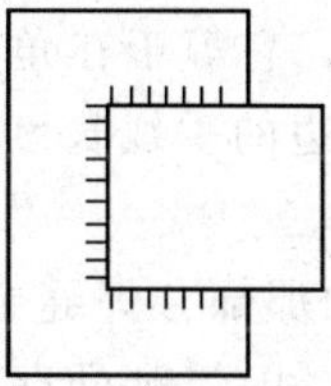	 ⊏	表示三面带有焊缝
3	周围焊缝符号	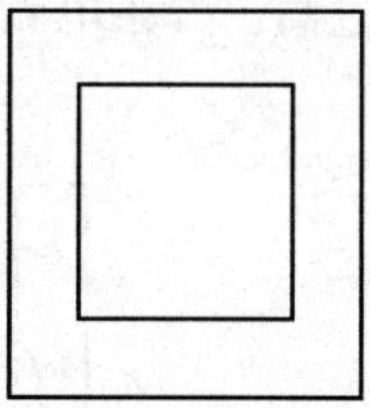	 ○	表示环绕工件周围焊缝
4	现场符号		 ▶	表示在现场或工地上进行焊接
5	尾部符号		 ＜	可以参照《焊接及相关工艺方法代号》（GB 5185—2005）标注焊接工艺方法等内容

3. 焊缝的尺寸

（1）焊缝的形状尺寸参数。

焊缝的形状用一系列几何尺寸来表示，不同形式焊缝的形状参数也不一样。

1）焊缝宽度。焊缝表面与母材的交界处叫焊趾，焊缝表面两焊趾之间的距离叫做焊缝宽度，如图1-30所示。

2）焊缝厚度。在焊缝横截面中，从焊缝正面到焊缝背面的距离，叫做焊缝厚度，如图1-31所示。

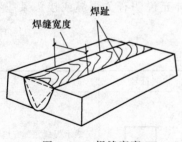

图 1-30 焊缝宽度

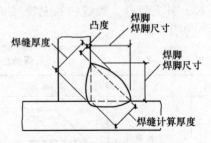

图 1-31 焊缝厚度及焊脚

3）焊缝计算厚度。焊缝计算厚度是设计焊缝时使用的焊缝厚度，对接焊缝焊透时，它等于焊件的厚度；角焊缝时，它等于在角焊缝横截面中画出的最大直角等腰三角形中，从直角的顶点到斜边的垂线长度，习惯上也称喉厚，如图1-31所示。

4）余高。超出母材表面连线上面的那部分焊缝金属的最大高度叫作余高，如图1-32所示。在动载或交变载荷下，因焊趾处存在应力集中，易于促使脆断，所以余高不能低于母材，但也不能过高。焊条电弧焊时的余高值一般为0~3mm。

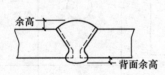

图 1-32 余高

5）焊脚。角焊缝的横截面中，从一个直角面上的焊趾到另一个直角面表面的最小距离，叫作焊脚。在角焊缝的横截面中画出的最大等腰直角三角形中直角边的长度叫焊脚尺寸，如图1-31所示。

（2）焊缝的尺寸符号。

焊缝的尺寸符号见表1-12。

表 1-12　　　　　　　　　　　焊缝的尺寸符号

符号	名称	示意图
δ	工件厚度	

续表

符号	名称	示意图
e	焊缝间距	
α	坡口角度	
K	焊角尺寸	
b	根部间隙	
d	熔核直径	
P	钝边	
S	焊缝有效厚度	
c	焊缝宽度	

符号	名称	示意图
N	相同焊缝数量符号	$N=3$
R	根部半径	R
H	坡口深度	H
L	焊缝长度	L
h	余高	h
n	焊缝段数	$n=2$
β	坡口面角度	β

（3）焊缝的尺寸标注原则。焊缝的尺寸标注原则如图 1-33 所示。具体如下。

1）焊缝横截面上的尺寸标在基本符号的左侧。

2）焊缝长度方向的尺寸标在基本符号的右侧。

3）坡口角度、坡口面角度、根部间隙等尺寸标在基本符号的上侧或下侧。

4）相同焊缝数量符号及焊接方法标在尾部。

5）当需要标注的尺寸数据较多又不易分辨时，可在数据前面增加相应的尺寸符号。在箭头方向发生变化时，上述原则不变。

图 1-33　焊缝尺寸标注原则

2 气焊与气割安全

2.1 原理与特点

2.1.1 气焊的原理与特点

1. 工作原理

气焊是利用可燃气体与氧气混合燃烧的火焰来加热金属的一种熔化焊。

（1）可燃气体。可燃气体有乙炔、丙烷、丙烯、氢气和炼焦煤气等，其中以乙炔燃烧的温度最高达 $3100\sim3300℃$，其他几种气体的焊接效果均不如乙炔，所以乙炔在气焊中一直占主导地位。

乙炔与氧气混合燃烧的反应式

$$2C_2H_2+5O_2 \xrightarrow{\text{点燃}} 4CO_2+2H_2O+Q \qquad (2-1)$$

乙炔是利用电石（CaC_2）与水的相互作用来制取的

$$CaC_2+2H_2O = C_2H_2+Ca(OH)_2+Q \qquad (2-2)$$

乙炔是可燃易爆气体，电石是遇水燃烧一级危险品。

（2）氧气。氧气是强氧化剂。气焊、气割使用的是压缩纯氧（氧气瓶的最高工作压力为 14.7MPa，纯度为 99.2％或 98.5％）。

（3）焊剂。气焊有色金属、铸铁和不锈钢时，还需要使用焊剂。焊剂是气焊时的助熔剂，其作用是排除熔池里的高熔点金属氧化物，并以熔渣覆盖在焊缝表面，使熔池与空气隔绝，防止熔化金属被氧化，从而改善焊缝质量。

焊剂可分为化学作用气焊剂和物理作用气焊剂两类。化学作用气焊剂又有酸性气焊剂和碱性气焊剂两种。

1）酸性气焊剂。如硼砂（$N_2B_4O_7$）、硼酸（H_3BO_3）以及二氧化硅（SiO_2），主要用于焊接铜或铜合金、合金钢等；碱性气焊剂如碳酸钠

（Na_2CO_3），主要用于铸铁的焊接。

2）物理溶解作用气焊剂。如氟化钠（NaF）、氟化钾（KF）、氯化钠（NaCl）及硫酸氢钠（$NaHSO_4$），主要用于焊接铝及铝合金。

2. 过程

气体火焰加热并熔化焊件和填充金属，形成熔池，气体火焰还保护熔池金属，隔绝空气，随着气体火焰向前移去，熔池金属冷却凝固而形成焊缝。

3. 安全特点

气焊的主要设备氧气瓶是高压容器，乙炔发生器是容易发生着火爆炸的设备，一旦发生回火，乙炔胶管和氧气胶管也可能发生着火爆炸。在检修焊补某些壁厚较薄的燃料容器和管道时，还会接触到诸如汽油桶、气柜、油箱、燃油或燃气管道等。如果其中存在可燃性混合气体，气焊火焰就是发生着火爆炸事故的着火源。

乙炔—氧气火焰温度为 3100～3300℃，在气焊火焰的作用下，火星、熔珠和熔渣四处飞溅，不但容易造成烧伤和烫伤事故，而且较大的熔珠、火星和熔渣能飞溅到距操作点 5m 以外的地方，还会引燃可燃易爆物品，发生火灾和爆炸事故。

由此可以说明，火灾和爆炸是气焊与气割的主要危险，防火与防爆是气焊与气割安全的工作重点。

有色金属铅、铜、镁及其合金气焊时，在火焰高温作用下会蒸发出金属烟尘。如黄铜在焊接过程中放散大量锌蒸汽；铅在焊接过程中放散铅和氧化铅蒸汽等有毒的金属蒸汽。此外，焊剂还会散发出氯盐和氟盐的燃烧产物。在检修焊补的操作中，还会遇到来自容器和管道里的其他生产性毒物和有害气体，尤其是在锅炉、舱室、密闭容器与管道、地沟或门窗关闭的室内等作业空间狭小的地方操作，都可能造成焊工中毒。

随着焊条电弧焊、二氧化碳气体保护焊、氩弧焊等焊接工艺的迅速发展和广泛应用，气焊的应用范围有所缩小，但在铜、铝等有色金属及铸铁的焊接和修复，碳钢薄板的焊接及小直径管道的制造和安装中还有着大量的应用。由于气焊火焰调节灵活方便，因此在弯曲、矫直、预热、后热、堆焊、淬火及火焰钎焊等各种工艺操作中得到应用。此外，建筑、安装、维修及野外施工等没有电源的场所，无法进行电焊时常使用气焊。

2.1.2 气割的原理与特点

1. 工作原理

气割是利用可燃气体与氧气混合通过割炬的预热割嘴导出并且燃烧生成预

热火焰加热金属的。气割过程是，金属被预热到燃烧开始的温度（着火点）后，即从切割嘴的中心槽喷出切割氧，使金属遇氧开始燃烧，发出大量的热。这些热量与预热火焰一起使下一层的金属被加热，燃烧就迅速扩展到整个金属的深处，如图 2-1 所示。金属燃烧时形成的氧化物，在熔化状态下被切割氧流从反应区吹走，使金属被切割开来。如果将割炬沿着直线或曲线以一定的速度移动，则金属的燃烧也将沿着该线进行。

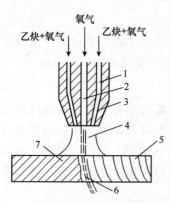

图 2-1　气割示意图
1—混合气体通道；2—氧气通道；
3—割嘴；4—预热火焰；
5—切割纹道；6—氧化
铁渣；7—割件

2. 过程

气割的过程包括预热、燃烧和排渣三个阶段。

（1）预热。利用预热火焰（氧乙炔焰或氧液化石油气火焰）和金属燃烧热将要切割的金属先加热到燃烧温度（燃点）。

（2）燃烧。工件预热到燃点后，打开切割氧调节阀，喷出高速切割氧流，使金属与纯氧燃烧，变成金属氧化物，同时放出燃烧热。

（3）排渣金属氧化物被燃烧热熔化，并被切割氧气流吹掉，形成窄小整齐的割缝。可见，气割是金属的燃烧过程，气焊是金属的熔化过程。整个气割过程，要切割的金属并没有熔化。

利用氧—乙炔焰作预热火焰的氧气切割称气割。利用氧—液化石油气火焰作预热火焰的氧气切割，简称为氧—液化石油气切割。氧—液化石油气切割的切割质量好（割口表面光洁，上缘棱角完整，熔渣容易清除），切割成本低，正在逐渐推广使用。

3. 金属气割条件

（1）金属的燃点要低于熔点。这样才能保证先加热到燃点，使金属燃烧而实现切割过程。低碳钢的燃点约为 1350℃，熔点约为 1500℃，具备金属气割最基本的条件。当碳钢含碳量为 0.7％时，其燃点和熔点差不多都等于 1300℃；当含碳量大于 0.7％时，燃点就比熔点高了，所以高碳钢不能气割。铸铁的燃点比熔点高，所以不能用氧气切割方法切割。

（2）金属氧化物熔点要低于金属的熔点。这样才能保证金属氧化物被燃烧热熔化了，再被气流吹掉，完成切割过程；而且，要切割的金属还没有熔化，割口窄小、整齐。

（3）金属在氧气中燃烧的燃烧热要大。气割过程中的预热主要靠燃烧热。例如，低碳钢气割时，预热的热量中 70％来自燃烧热，30％来自预热火焰。因此，燃烧热大，才能立即将割口邻近的金属预热到燃点，使切割过程得以连续进行。

（4）阻碍气割的元素和杂质要少。比如碳不能多，因为碳燃烧生成的 CO 和 CO_2 降低氧气纯度，从而严重影响气割速度，并大大增加氧气消耗量。

（5）熔渣的流动性要好。普通碳钢和低合金钢符合上述条件，气割性能较好；高碳钢及含有易淬硬元素（如铬、钼、钨、锰等）的中合金和高合金钢，气割性较差。不锈钢含有较多的铬和镍，易形成高熔点的氧化膜，铸铁的熔点低，铜和铝的导热率高（铝的氧化物熔点高），它们属于难于或不能气割的金属材料。

4. 安全特点

气割的危险性与气焊基本相同。由于切割氧的压力高，在高速喷射和冲击金属切割处时，造成熔渣的四处飞溅，要比气焊时更为激烈，因此，造成灼烫事故和引起工作地周围发生火灾爆炸事故的危险性很大。

气割技术广泛用于生产中的备料，切割材料的厚度可以从薄板（小于10mm）到极厚板（800mm 以上），被切割材料的形状包括板材、钢锭、铸件冒口、钢管、型钢、多层板等。随着机械化、半机械化气割技术的发展，特别是数控火焰切割技术的发展，使得气割可以代替部分机械加工，有些焊件的坡口可一次直接用气割方法切割出来，切割后直接焊接。气割还广泛用于因更新换代的旧流水线设备的拆除、重型废旧设备和设施的解体等。气割技术的应用领域几乎覆盖了建筑、机械、造船、石油化工、矿山冶金、交通能源等许多工业部门。

2.2 常用工具

2.2.1 焊炬

焊炬又名焊枪、龙头、烧把或熔接器。其作用是使可燃气体和氧气按一定比例互相均匀混合，以获得具有所需温度和热量的火焰。在焊接过程中，由于焊炬的工作性能不正常或操作失误，往往会导致焊接火焰自焊炬烧向胶管内而产生回火燃烧、爆炸事故或熔断焊炬。

（1）结构。焊炬按可燃气体与氧气混合的方式，分为射吸式和等压式两类。目前，国内生产的焊炬均为射吸式。如图 2-2 所示为目前使用较广的 H01-6 型射吸式焊炬。开启乙炔调节阀 3 时，乙炔聚集在喷嘴口外围并单独通过射吸式的混合气管 4 由焊嘴 5 喷出，但压力很低，流动较慢。当开启氧气调节阀 6 时，氧气即从喷嘴口快速射出，将聚集在喷嘴周围的低压乙炔吸出，并在混合气管内按一定的比例混合后从焊嘴喷出。

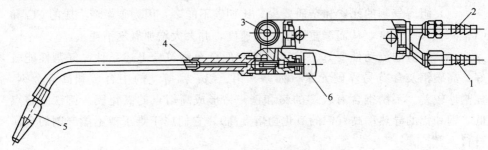

图 2-2　H01-6 型射吸式焊炬

1—氧气接头；2—乙炔接头；3—乙炔调节阀；4—混合气管；5—焊嘴；6—氧气调节阀

（2）型号及参数。焊炬型号中，"H"表示焊炬，"0"表示手工，"1"表示射吸式，短杠后的数字表示焊接低碳钢最大厚度，单位为 mm。国产式射吸式焊炬的型号及其主要技术参数见表 2-1。

2.2.2　割炬

割炬是气割时，用来安装或更换割嘴、调节预热火焰气体流量和控制切割氧流量并进行气割的工具。割炬与焊炬不同的地方就是多了一套切割氧的管子和喷嘴，以及调节切割氧的阀。其作用是使氧气与乙炔按比例进行混合，形成预热火焰，并将高压纯氧喷射到被切割的工件上，使切割处的金属在氧射流中燃烧，并把燃烧所产生的生成物吹走而形成割缝。

（1）结构。割炬也有射吸式和等压式两种，目前我国采用最普遍的是射吸式割炬，G01-30 型割炬的构造如图 2-3 所示。

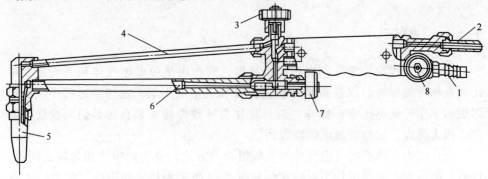

图 2-3　G01-30 型射吸式割炬

1—乙炔接头；2—氧气接头；3—切割氧调节阀；4—切割氧气管；5—割嘴；

6—混合气管；7—预热氧调节阀；8—乙炔调节阀

表 2 - 1　射吸式焊炬的主要技术数据

焊炬型号	H01-2					H01-6					H01-12					H01-20				
焊嘴号码	1	2	3	4	5	1	2	3	4	5	1	2	3	4	5	1	2	3	4	5
焊嘴孔径/mm	0.5	0.6	0.7	0.8	0.9	0.9	1.0	1.1	1.2	1.3	1.4	1.6	1.8	2.0	2.2	2.4	2.6	2.8	3.0	3.2
氧气压力/MPa	0.1	0.13	0.15	0.2	0.25	0.2	0.25	0.3	0.35	0.4	0.4	0.45	0.5	0.6	0.7	0.6	0.65	0.7	0.75	0.8
乙炔压力/MPa	0.001~0.1					0.001~0.1					0.001~0.1					0.001~0.1				
氧化消耗量/(m³/h)	0.03	0.05	0.07	0.10	0.15	0.15	0.20	0.24	0.28	0.37	0.37	0.49	0.65	0.86	1.10	1.25	1.45	1.65	1.95	2.25
乙炔消耗量/(L/h)	40	55	80	120	170	170	240	280	330	430	430	580	780	1050	1210	1500	1700	2000	2300	2600
焊接厚度/mm	0.5~0.7	0.7~1.0	1.0~1.2	1.2~1.5	1.5~2	1~2	2~3	3~4	4~5	5~6	6~7	7~8	8~9	9~10	10~12	10~12	12~14	14~16	16~18	18~20

(2) 型号及参数。割炬型号中，"G"表示割炬，"0"表示手工，"1"表示射吸式，短杠后的数字表示割低碳钢最大厚度，单位为毫米。国产射吸式割炬的型号及其主要技术参数见表 2-2。

2.2.3 胶管

用于气焊与气割的胶管由优质橡胶内、外胶层和中间棉织纤维层组成，整个胶管需经过特别的化学加工处理，以防止其燃烧。胶管有氧气胶管、乙炔胶管和液化石油气胶管，其作用是向焊割炬输送氧气和乙炔气。

氧气胶管内径有 8mm、10mm 等，工作压力为 2MPa，试验压力为 4MPa，爆破压力不低于 6.0MPa。乙炔胶管内径有 8mm、10mm 等，工作压力为 0.3MPa，试验压力为 0.6MPa，最小爆破压力为 0.9MPa。《气体焊接设备焊接、切割和类似作业用橡胶软管》（GB/T 2550—2007）规定氧气胶管为蓝色，乙炔胶管为红色。

液化石油气胶管必须使用耐油橡胶管，爆破压力应大于 4 倍工作压力。

胶管长度一般不小于 5m。若操作地点离气源较远时，可用软管接头把两根胶管连接起来，但必须用卡子或细铁丝扎牢。

2.3 气焊气割工艺

2.3.1 气焊工艺

1. 气焊火焰

气焊时，气体火焰既是气焊的热源，又起机械保护作用，隔绝空气，还和熔池金属发生一些化学冶金过程，影响焊缝的化学成分，对气焊的质量有很大影响。

气焊常用的气体火焰是乙炔和氧气混合燃烧所形成的火焰（称为氧—乙炔焰）。

氧—乙炔焰的燃烧过程有三个阶段。

第一个阶段是乙炔分解

$$C_2H_2 \longrightarrow 2C+H_2 \qquad (2-3)$$

第二个阶段是乙炔与纯氧（即混合气中的氧）燃烧

$$2C+H_2+O_2 \longrightarrow 2CO+H_2 \qquad (2-4)$$

这是可燃性气体在预先混合好的氧气中燃烧，称一次燃烧。一次燃烧形成的火焰称为一次火焰。

表2-2 国产射吸式割炬的型号及主要技术数据

割炬型号	G01-30			G01-100			G01-300				G02-100				
结构型式	射吸式			射吸式			射吸式				等压式				
割嘴号码	1	2	3	1	2	3	1	2	3	4	1	2	3	4	5
割嘴切割氧孔径/mm	0.6	0.8	1.0	1.0	1.3	1.6	1.8	2.2	2.5	3	0.7	0.9	1.1	1.3	1.6
切割厚度范围/mm	3~10	10~20	20~30	10~25	25~50	50~100	100~150	150~200	200~250	250~300	3~100				
氧气压力/MPa	0.20	0.25	0.30	0.20	0.35	0.50	0.50	0.65	0.80	0.80	0.2	0.25	0.3	0.4	0.5
乙炔压力/MPa	0.001~0.10	0.001~0.10	0.001~0.10	0.001~0.10	0.001~0.10	0.001~0.10	0.001~0.10	0.001~0.10	0.001~0.10	0.001~0.10	0.04	0.04	0.05	0.05	0.06
氧气消耗量/(m³/h)	0.8	1.4	2.2	2.2~2.7	3.5~4.2	5.5~7.3	9.0~10.8	11~14	14.5~18	19~26					
乙炔消耗量/(m³/h)	210	240	310	350~400	400~500	500~610	680~780	800~1100	1150~1200	1260~1600					
割嘴形状	环形			梅花形和环形	梅花形		梅花形				梅花形				

第三个阶段是一次燃烧的中间产物与外围空气再次反应而生成稳定的最终产物的燃烧，称为二次燃烧。二次燃烧形成的火焰称为二次火焰。其化学反应式为

$$2CO + H_2 + 1.5O_2 \longrightarrow 2CO_2 + H_2O \qquad (2-5)$$

氧—乙炔焰按氧—乙炔混合比（指氧气与乙炔的混合比例）或者说按火焰的性质，分为碳化焰、中性焰和氧化焰三种。如图 2-4 所示。

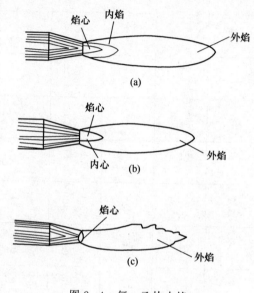

图 2-4 氧—乙炔火焰

(a) 碳化焰；(b) 中性焰；(c) 氧化焰

（1）碳化焰。当 $O_2/C_2H_2 < 1.1$ 时，称为碳化焰或还原焰。

碳化焰的焰心、内焰和外焰三部分均很明显，如图 2-4（a）所示。整个火焰长而软。焰心呈灰白色，也发生乙炔的氧化和分解反应；内焰呈淡白色，由一氧化碳、氢和碳微粒组成；外焰呈橙黄色，除燃烧产物二氧化碳和水蒸气外，还有未燃烧的碳和氧。

碳化焰的最高温度不超过 3000℃。由于存在过剩的碳微粒和氢，碳会渗入熔池金属中，使焊缝的含碳量增高，游离的氢也会进入焊缝，产生气孔和裂纹。因此，碳化焰不能用于焊接低碳钢和合金钢，而只适用于高碳钢、铸铁焊接或补焊以及硬质合金的堆焊。

（2）中性焰。当 $O_2/C_2H_2 = 1.1 \sim 1.2$ 时，称中性焰。

中性焰由焰心、内焰和外焰三个区组成，如图 2-4（b）所示。它的焰心为尖锥形，呈明亮白色，轮廓清楚，温度为 950℃左右。内焰呈蓝白色，温度为 3050~3150℃，焰心伸长 20mm 左右。距离焰心 2~4mm 处温度最高。外焰由

里向外，由淡蓝色变为橙黄色，温度为 $1200\sim2500\,^{\circ}\!\text{C}$，如图 2-5 所示。中性焰与焊件无化学反应，气焊一般都可以采用中性焰（黄铜气焊除外），它广泛地用于低碳钢、中碳钢、普通低合金钢、合金结构钢、不锈钢、铜、铝及铝合金等金属材料的气焊。

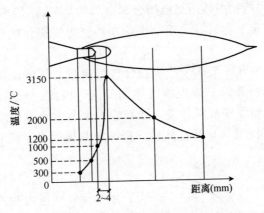

图 2-5　中性焰的温度分布

（3）氧化焰。当 $O_2/C_2H_2 > 1.2$ 时，称氧化焰。

氧化焰的主要特征是焰心颜色不很亮，既没有淡白色的内焰，焰心端部也没有淡白色火苗跳动，焰心外面没有内焰外焰之分，如图 2-4（c）所示。氧化焰有氧化性。氧化焰最高温度可达 $3300\,^{\circ}\!\text{C}$。气焊一般不用氧化焰，只有在气焊黄铜、锡青铜和镀锌薄钢板等时，才采用轻微氧化焰，以利用其氧化性，生成一层氧化物薄膜覆盖在溶地表面上，减少低沸点的锌、锡的蒸发。

2. 气焊焊接工艺参数

气焊焊接工艺参数有焊丝直径、焊缝位置、火焰能率、气体压力、焊嘴倾角和焊接速度等。

（1）焊丝直径。气焊焊丝直径主要根据焊件厚度选择，见表 2-3。

表 2-3　　　　　　　　**焊丝直径与工件厚度关系**　　　　　　单位：mm

焊件厚度	$1\sim2$	$2\sim3$	$3\sim5$
焊丝直径	$1\sim2$	2	$2\sim3$

此外，还应考虑火焰大小、焊接位置、焊接方向等。火焰大时，焊丝宜粗些。平焊时，焊丝直径可比非平焊时粗一号。右向焊的焊丝可比左向焊时粗一些。

（2）火焰能率。火焰能率是单位时间内可燃气体燃烧放出的能量（热量），用每小时可燃气体（乙炔）的消耗量（L/h）来表示。通俗地说，火焰能率就是火焰大小。

火焰能率主要根据焊件厚度选择。此外，还应考虑焊件材料种类（导热性、熔点等）、焊接位置和焊工操作熟练程度等因素。焊接厚的焊件，火焰能率要大；焊接薄的焊件，火焰能率要小，否则容易烧穿。焊接导热快的金属（如铜），火焰能率要大些；焊接熔点低的金属（如铅），火焰能率要小些。平焊时，火焰能率可大些；非平焊时，火焰能率应小些。焊工操作熟练，火焰能率可大一些。

火焰能率的大小取决于氧—乙炔混合气的流量。气体流量的粗调靠更换焊炬和焊嘴号码，细调靠调节焊炬的气体调节阀。因此，火焰能率的选择方法，主要根据焊件厚度和焊件材料种类，选择焊炬型号大小和焊嘴号码。气焊低碳钢时，可参照表2-1进行选择。然后，再考虑其他因素，调节火焰大小，经试焊调整。

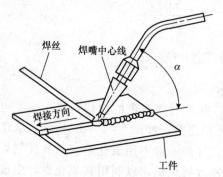

图 2-6 焊嘴倾角

（3）气体压力。气焊时产生的气体压力，主要是氧气压力和乙炔气压力。气焊时，氧气压力一般在 0.2～0.4MPa，乙炔压力不超过 0.1MPa。氧气和溶解乙炔瓶内乙炔的压力，均需通过调节减压器获得所需压力。

（4）焊嘴倾角。焊嘴倾角是指焊嘴与焊件的倾斜角度，也就是焊嘴中心线与焊件平面之间的夹角 α，如图 2-6 所示。夹角大则火焰在焊件上呈圆形，热量集中，升温快；反之，夹角小则火焰在焊件上呈椭圆形，热量不集中，升温慢。

正常焊接时的焊嘴倾角主要根据焊件厚度选择，可参照表2-4选择。

表 2-4　　　　　　气焊低碳钢（左向焊）的焊嘴倾角

焊件厚度/mm	<1	1～3	3～5	5～7	7～10	10～15	>15
焊嘴倾角 α/（°）	20	30	40	50	60	70	80

焊嘴倾角在气焊过程中需要根据焊件和熔池温度改变。开始时，为了加热快，形成熔池，焊嘴垂直焊件（倾角 90°），形成熔池后转为正常焊嘴倾角。焊接过程中，当熔池温度太高、熔深太大时，应减小焊嘴倾角；当熔池温度低、加热慢时，应加大焊嘴倾角。焊接结束时，焊到焊件边缘，要减小焊嘴倾角。同时，不同材料的焊件，选用的焊炬倾斜角也有差别。

焊炬倾斜角在焊接过程中是需要改变的，焊接开始时采用的焊炬倾斜角为 80°～90°，以便较快地加热焊件和迅速地形成熔池。当焊接结束时，为了更好地填满弧坑和避免烧穿，可将焊炬的倾斜角减小，使焊炬对准焊丝加热，并使火焰上下跳动，断续地对焊丝和熔池加热。

气焊过程中，焊丝和焊件表面的倾斜角一般为 $30°\sim40°$。

（5）焊接速度。焊接速度根据焊件厚度和所需的熔宽而定。对于一定厚度的焊件，焊工为了获得所需的熔深和熔宽，要掌握相应的焊接速度。

2.3.2 气割工艺

1. 预热火焰

气割预热火焰常用氧—乙炔焰，采用中性焰。

气割预热火焰除了采用氧—乙炔焰外，还可采用氧—液化石油气火焰。预热火焰为氧—液化石油气火焰的气割可称为氧—液化石油气切割。由于氧—液化石油气火焰温度比氧—乙炔焰低，一次燃烧热也较小，割口上缘不易熔化，棱角整齐，割口表面光洁，清渣容易，割口表面硬度和含碳量低，气割薄板时变形小，所以切割质量好。又由于氧—液化石油气火焰总燃烧热比氧—乙炔焰多，因此氧—液化石油气切割速度快，生产率高。同时，液化石油气比乙炔便宜，所以氧—液化石油气切割成本低。因此，目前氧—液化石油气切割应用越来越多。氧—液化石油气切割的缺点是预热的时间稍长，氧气需要量大。此外，点火比乙炔困难，必须用明火才能点燃。

2. 气割焊接工艺参数

气割的焊接工艺参数有割炬型号和切割氧压力、预热火焰能率、气割速度、割嘴离工件表面的距离和割嘴倾角等。

（1）割炬型号和切割氧压力。被割件越厚，割炬型号、割嘴号码、氧气压力均应增大。氧气压力与割件厚度、割炬型号、割嘴号码的关系详见表 2-5。

表 2-5　　　氧气压力与割件厚度、割炬型号、割嘴号码的关系

割炬型号	G01-30			G01-100			G01-300			
割嘴号码	1	2	3	1	2	3	1	2	3	4
割嘴孔径 /mm	0.6	0.8	1.0	1.0	1.3	1.6	1.8	2.2	2.6	3.0
切割厚度范围 /mm	2~10	10~20	20~30	10~25	25~30	30~100	100~150	150~200	200~250	250~300
氧气压力 /MPa	0.2	0.25	0.30	0.2	0.35	0.5	0.5	0.65	0.8	1.0

续表

割炬型号	G01-30	G01-100	G01-300
乙炔压力 /MPa	0.001～0.1	0.001～0.1	0.001～0.1
割嘴形式	环形	梅花形或环形	梅花形
割炬总长	500	550	650

当割件比较薄时，切割氧压力可适当降低，但切割氧的压力不能过低，也不能过高。若切割氧压力过高，则切割缝过宽，切割速度降低，不仅浪费氧气，而且会使切口表面粗糙，并对切割件产生强烈的冷却作用。若氧气压力过低，会使气割过程中的氧化反应减慢，切割的氧化物熔渣吹不掉，在割缝背面形成难以清除的熔渣粘结物，甚至不能将工件割穿。

除上述切割氧的压力对气割质量的影响外，氧气的纯度对氧气消耗量、切口质量和气割速度也有很大影响。氧气纯度低，会使金属氧化过程变慢、切割速度降低，同时氧的消耗量增加。

氧气中的杂质（如氮等）在切割过程中会吸收热量，并在切口表面形成气体薄膜，阻碍金属燃烧，从而使气割速度下降和氧气消耗量增加，并使切口表面粗糙。因此，气割用的氧气纯度应尽可能提高，一般要求在99.5％以上。若氧气的纯度降至95％以下，气割将很难进行。

（2）预热火焰能率。火焰能率实际上就是火焰大小。气割预热火焰能率太大，会使割口上缘产生连续珠状钢粒，甚至熔化成圆角，并增加工件表面粘附的熔渣；预热火焰能率太小，预热时间长，气割速度慢，甚至会使气割过程发生困难。火焰能率主要取决于割炬大小和割嘴号码。割炬大小和割嘴号码可根据割件厚度选择，参照表2-6。

（3）切割速度。切割速度合适时，火焰气流和熔渣以接近于垂直割件表面的方向喷向底面，割口质量好。速度太慢时，会使割口上缘熔化，割口过宽；速度太快时，后拖量过大，甚至割不断。所谓后拖量是切割面上的切割氧气流轨迹的始点与终点沿水平方向的距离，如图2-7所示，正常的后拖量约为板厚的10％～15％。

在气割时，后拖量总是不可避免的，尤以气割厚板时更为显著。合适的气割速度应以切口产生的后拖量尽量小为原则。速度过慢，切口边缘不齐、局部熔化、割后清渣困难；速度过快，则易使后拖大，割口不光洁或割不透。

（4）割嘴离工件表面的距离。气割一般厚度（如4～30mm）钢板时，预热火焰焰心应离开工件表面2～4mm，割嘴离工件表面的距离大致等于焰心长度加上2～4mm。当割件厚度较大时，由于预热火焰能率较大，割嘴与工件表面的距离可适当增大一些，以免因割嘴过热和喷溅的熔渣堵塞割嘴而引起回火。

（5）割嘴倾角。一般割嘴应垂直于工件表面。直线切割，当割件厚度较薄时，割嘴可向切割方向的反向后倾 20°～30°，形成割嘴倾角，如图 2-8 所示。这样，可以减小后拖量，提高切割速度。

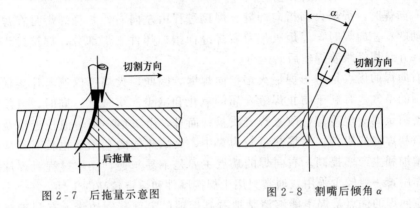

图 2-7　后拖量示意图　　　　　　图 2-8　割嘴后倾角 α

2.4　操作技术

2.4.1　气焊操作技术

对接接头平焊的气焊操作要点主要有点火、灭火、调节火焰性质、焊嘴角度、火焰高度、加热温度、焊丝加入、焊接速度和焊缝接头与收尾等项。

1. 点火、灭火和调节火焰性质

使用射吸式焊炬，一般应先少开一点氧气调节阀，再开乙炔调节阀，用明火点燃。点火后，根据焊件材料种类和焊件厚度等，调节所需的火焰性质和大小。除了气焊黄铜外，气焊一般都可用中性焰。中性焰的主要特征是亮白色焰心端有淡白色火苗跳动。气焊时，需要经常注意保持中性焰。灭火时，先关乙炔调节阀，再关氧气调节阀。如果火焰比较小时，还可以先开点氧气，再关乙炔，最后关氧气，这样可避免鸣爆现象（"放炮"）。

2. 火焰高度

焊接过程中应当用内焰加热焊件和焊丝，一般保持焰心尖端离焊件熔池表面 2～4mm。此时焊件熔池表面处于火焰内焰温度最高的部位，加热速度快、效率高，焊接效果好，也不容易发生回火现象。

如果焊件加热温度过高，熔池下塌时应多加焊丝，把热量多用于熔化焊丝上，防止烧穿。

3. 焊接方向

气焊时的焊接方向有左向焊和右向焊两种。

气焊时焊炬和焊丝的运动方向可以同时都从左到右，或者同时都从右到左。前者称为右向焊，而后者称为左向焊。

右向焊时，焊炬火焰指向焊缝，焊接过程由左向右，并且焊炬是在焊丝前面移动的；左向焊时，焊炬火焰背着焊缝而指向焊件未焊部分，焊接过程由右向左，并且焊炬跟着焊丝后面运行。

右向焊的优点是由于焊炬火焰指向焊缝，因此，火焰可以遮盖住熔池，隔离周围的空气，有利于防止焊缝金属的氧化和减少产生气孔；同时，可使已焊好的熔敷金属缓慢冷却，改善焊缝质量；而且，由于焰心距熔池较近以及火焰受坡口和焊缝的阻挡，火焰热量较为集中，火焰热能的利用率也较高，从而使熔深增加和生产率提高。右向焊的缺点主要是不易掌握，操作过程对焊件没有预热作用，一般较少采用，通常只用于焊接厚件和熔点较高的工件。

左向焊的优点是焊工能够清楚地看到熔池的上部凝固边缘，有利于获得高度和宽度较均匀的焊缝。由于焊炬火焰指向焊件未焊部分，对金属有预热作用，因此焊接薄板时，有利于提高生产效率。左向焊容易掌握，应用最普遍。缺点是焊缝易氧化，冷却较快，热量利用率较低，因此适用于焊接薄板和低熔点金属。

4. 焊嘴倾角

焊嘴要对正焊件接缝，即焊嘴在通过焊缝的垂直面里。焊嘴倾角 α（如图2-8所示），开始加热时要大，甚至垂直；正常焊接时，根据焊件厚度和加热温度而定，一般为 $30°\sim50°$；焊到焊件边缘要结束时，焊嘴倾角要减小。

5. 焊炬和焊丝的摆动

在焊接过程中，焊炬有三种运动：一是沿着焊接方向的移动；二是沿焊缝作横向摆动；三是打圆圈摆动。焊丝除与焊炬同时沿焊接方向移动和沿焊缝作横向摆动外，还有上下跳动。为了获得优良美观的焊缝，焊炬和焊丝应相互配合，做如图2-9所示的均匀协调的摆动。

在焊接某些有色金属时，还要用焊丝不断搅动熔池，促使气体析出和各种氧化物上浮。

6. 焊缝接头和收尾

焊接中途停顿后，又在焊缝中断处接着焊接时，应用火焰将原溶池周围充分加热，待原熔池及附近焊缝金属重新熔化，形成熔池，方可熔入焊丝，并注意焊丝熔滴与已熔化的原焊缝金属充分熔合。焊接重要焊件时，与原焊缝必须重叠 $8\sim10$mm。

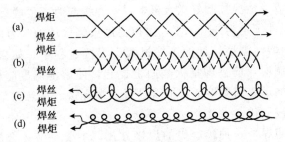

图 2-9　焊炬和焊丝的摆动方法

(a) 右焊法；(b)、(c)、(d) 左焊法

当焊到焊件边缘、焊缝终端时，应减小焊嘴倾角，多加焊丝，火焰要上下起落几次，既可避免烧穿，又可使气泡逸出熔池，防止气孔并填满焊坑。

7. 不同位置对接接头的焊接

气焊焊缝根据空间位置不同也可分为平焊、横焊、立焊和仰焊四种。

(1) 平焊。平焊操作简单，生产率高，焊接质量容易保证。焊接过程中，焊丝熔滴的重力、火焰的吹力和熔池的表面张力对焊缝的成形都很有利。

平焊时，焰心末端距工件表面 2～6mm，焊炬与工件的夹角根据工件厚度来确定，尽可能采用稍大一点的角度。焊炬与焊丝的夹角可在 90°左右，在保证母材充分熔化的情况下送入焊丝，焊丝要送入到熔池内，与母材同时熔化。焊接过程中，如果发现熔合不好，可暂缓送焊丝，焊炬停止向前移动，待温度足够高，母材充分熔化，熔池形成良好的情况下再重新送入焊丝。一旦发现熔池温度过高，可采用间断焊法，将火焰稍微抬高以降低熔池温度。待稍冷后，再重新焊接。注意在调整熔池温度时，焊接火焰不要完全脱离熔池，以免熔池金属被空气氧化而影响焊缝质量。

焊接结束时，焊嘴应缓慢提起，焊丝填满熔池凹坑，使熔池逐渐缩小，最后结束。

(2) 横焊。横焊时液体金属容易下淌，而使焊缝产生向下偏力、咬边、未焊透等缺陷。所以，横焊时熔池的金属不能过多，焊炬与工件的水平倾角与平焊相似，垂直倾角 65°～75°，可以利用火焰气体的吹力，托住熔池液体的下淌。横焊时，也有左焊法和右焊法两种形式：一种是火焰完全对着已焊完金属，焊丝从上方加入；另一种是火焰对着未焊部分，焊丝从前方或前下方加入。

(3) 立焊。立焊时，因为熔池中的液体金属容易下淌，焊缝表面不易形成均匀的焊波，所以立焊要比平焊困难些。一般要注意以下几点。

1) 火焰能率应比平焊小。

2) 焊炬一般不作横向摆动，仅做上下运动，以控制熔池温度。焊丝可稍做摆动，根据焊缝成形情况控制好送入量，焊丝在提起时不要脱离气体保护区。

3）焊炬与焊件倾角为 $60°\sim75°$，可以借助火焰气体的吹力来支承熔池下淌。

4）严格控制熔池温度，熔池不能过大。焊接过程中，如果熔池温度过高，液体金属即将下淌时，应立即把火焰向上提起，使熔池温度降低，待熔池刚开始冷凝时，将火焰迅速回到熔池，继续进行正常焊接。注意火焰提起不要过高，要保护好熔池不被氧化。

（4）仰焊。仰焊是一种较难焊的焊接方式，主要是液体金属容易下淌和焊缝背面焊肉下凹，焊缝的成形完全靠火焰气体的吹力和熔池的表面张力来控制。需要注意以下几点。

1）应采用较小的焊丝直径。

2）应采用稍小的火焰能率。

3）严格控制熔池温度。

4）焊炬要保持一定角度，可做不间断的运动，焊丝可浸在熔池内做月牙形运动。

8. 焊接速度

焊接速度根据所需的熔深和熔宽而定，保持熔池宽度相同均匀向前移动。必要时，焊嘴可以横向摆动和上下跳动。观察到熔池中有气泡往外冒时，火焰要稍加停留，让气泡逸出，以防产生气孔。

2.4.2　气割操作技术

1. 气割前的准备

去除工件表面的油污、油漆、氧化皮等妨碍切割的杂质。将工件垫平、垫高，距离水泥地面的距离应大于 100mm，设置防风挡板，防止被氧化物熔渣烫伤。

检查乙炔瓶、氧气瓶、回火防止器的工作状态是否正常，使用射吸式割炬前，应拔下乙炔橡皮管，检查割炬是否具有射吸力。没有射吸力的割炬严禁使用。

根据工件厚度，正确选择气割工艺参数、割炬和割嘴的号码。开始点火并调节好火焰性质（中性焰）及火焰长度。然后，试开切割氧调节阀，观察切割氧气流的形状。切割氧气流应为笔直而清晰的圆柱体，并要有适当的长度。如果切割氧气流的形状不规则，应关闭所有阀门，用通针修整割嘴内表面，使之光滑。

2. 起割

气割时，先稍微开启预热氧调节阀，再打开乙炔调节阀并立即点火。然后，增大预热氧流量，氧气与乙炔混合后从割嘴喷气孔喷出，形成环形预热火焰，对工件进行预热。待起割处被预热至燃点时，立即开启切割氧调节阀，使金属在氧气流中燃烧，并且氧气流将切割处的熔渣吹掉，不断移动割炬，在工件上形成割缝。

开始切割工件时，先在工件边缘预热，待呈亮红色时（达到燃烧温度），慢慢开启切割氧气调节阀。若看到铁水被氧气流吹掉时，再加大切割氧气流，待听到工件下面发出"噗、噗"的声音时，则说明已被割透。这时，应按工件的厚度灵活掌握气割速度。

3. 切割过程

切割过程中，割炬运行始终要均匀，割嘴离工件距离要保持不变（3～5mm）。手工气割时，可将割嘴沿气割方向后倾 20°～30°，以提高气割速度。气割速度对气割质量有较大影响。气割速度是否正常，可以从熔渣的流动方向来判断。当熔渣的流动方向基本上和工件表面相垂直时，说明气割速度正常；若熔渣成一定角度流出，即产生较大的后拖量，说明气割速度过快，如图 2-10 所示。

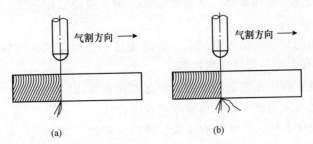

图 2-10 熔渣流动方向与气割速度的关系
（a）速度过快；（b）速度正常

当气割缝较长时，应在切割 300～500mm 后，移动操作位置。此时，应先关闭切割氧调节阀，将割炬火焰离开工件后再移动身体位置。继续气割时，割嘴应对准割缝的切割处，并预热到燃点，再缓慢开启切割氧。

4. 切割结束

切割将要结束时，割嘴应向气割方向的后方倾斜一定角度，使钢板的下部提前割开，并注意余料的下落位置。气割完毕应迅速关闭切割氧调节阀，并将割炬抬高，再关闭乙炔调节阀，最后关闭预热氧调节阀。较长时间停止工作时，应将氧气瓶阀关闭，松开减压器调节螺钉，将氧气皮管中的氧气放出。

2.5 安全使用

2.5.1 设备与工具的安全使用

1. 氧气瓶的安全使用

（1）事故原因。氧气瓶易发生爆炸，氧气瓶的爆炸大多属于物理性爆炸，其主要原因有：

1）氧气瓶受热，温度过高，瓶内气体压力增大超过气瓶耐压极限，发生爆炸。

氧气瓶夏天暴晒，瓶体表面温度很高。满瓶氧气的压力，大大超过了氧气瓶的工作压力，也超过了水压试验压力，很容易发生爆炸。

氧气瓶（压缩气瓶）受热升温，致使瓶内气体压力增大引起的爆炸，是物理性爆炸。因为这是由于物理变化引起的爆炸。

2）氧气瓶没有带防振圈，从高处坠落，倒下或受到剧烈撞击，承受冲击载荷，发生脆裂爆炸。

3）氧气瓶的材质、结构有缺陷，制造质量不符合要求，例如材料脆性，瓶壁厚薄不匀，有夹层、瓶体受腐蚀等。

4）氧气瓶瓶阀、瓶嘴沾染油脂，引起着火和爆炸。

5）氧气瓶混入可燃气体，形成爆炸性混合气。

6）开气速度太快，气体含有水珠、铁锈等颗粒，高速流经瓶阀时产生静电火花，或由于绝热压缩引起着火爆炸。

7）由于气瓶压力太低或安全管理不善等造成氧气瓶内混入可燃气体。

8）解冻方法不当。氧气从气瓶流出时，体积膨胀，吸收周围的热量，瓶阀处容易发生霜冻现象，如用火烤或铁器敲打，易造成事故。

9）氧气瓶阀等处粘附油脂。

（2）安全措施。

1）为了保证安全，氧气瓶在出厂前必须按照《气瓶安全监察规程》的规定，严格进行技术检验。检验合格后，应在气瓶肩部的球面部分做出明显的标志，标明瓶号、工作压力和检验压力、下次试压日期等。

2）充灌氧气瓶时，必须首先进行外部检查，同时还要化验鉴别瓶内气体成分，不得随意充灌。气瓶充灌时，气体流速不能过快，否则易使气瓶过热，压力剧增，造成危险。

3）不得使用超过应检期限的气瓶。氧气瓶在使用过程中，必须按照安全规则的规定，每 3 年进行一次技术检验。每次检验合格后，要在气瓶肩部的标志上标明下次检验日期。满灌的氧气瓶启用前，首先要查看应检期限，如发现逾期未作检验的气瓶，不得使用。

4）氧气瓶与电焊机在同一工地使用时，瓶底应垫以绝缘物，以防气瓶带电。与气瓶接触的管道和设备要有接地装置，防止由于产生静电而造成燃烧或爆炸。

冬季使用氧气瓶时由于气温比较低，加之高压气体从钢瓶排出时，吸收瓶体周围空气中的热量，所以瓶阀或减压器可能出现结霜现象。可用热水或蒸汽解冻，严禁使用火焰烘烤或用铁器敲击瓶阀，也不能猛拧减压器的调节螺栓，以防气体大量冲出，造成事故。

5）运输与防振。车辆运输时，应用波浪形瓶架将气瓶妥善固定，并应戴好瓶帽，防止损坏瓶阀。不能与可燃气瓶、油料及其他可燃物放在一起运输。在贮运和使用过程中，应避免剧烈振动和撞击，搬运气瓶必须用专门的抬架或小推车，禁止直接使用钢绳、链条、电磁吸盘等吊运氧气瓶。要轻装轻卸，严禁从高处滑下或在地面滚动气瓶。使用和贮存时，应用栏杆或支架加以固定、扎牢，防止突然倾倒。不能把氧气瓶放在地上滚动。

6）防热。氧气瓶应远离高温、明火和熔融金属飞溅物，操作中氧气瓶应与乙炔瓶保持 5m 以上的安全距离。夏季在室外使用时应加以覆盖，不得在烈日下暴晒。

7）开启瓶阀时应缓慢，以防静电火花和绝热压缩。操作者应站在瓶阀气体喷出方向的侧面，避免气流朝向人体。

8）留有余气。氧气瓶不能全部用尽，应留有余气 0.2～0.3MPa，使氧气瓶保持正压，并关紧阀门防止漏气。这样做的目的是预防可燃气体倒流进入瓶内，而且在充气时便于化验瓶内气体成分。

9）防油。氧气瓶阀不得粘附油脂，不得用沾有油脂的工具、手套或油污工作服等接触瓶阀和减压器。

10）使用氧气瓶前，应稍打开瓶阀，吹掉瓶阀上粘附的细屑或脏物后立即关闭，然后接上减压器使用。

11）要防止带压力的氧气瓶泄漏，禁止采用拧紧瓶阀或垫圈螺母的方法。禁止手托瓶帽移动氧气瓶。

12）禁止使用氧气代替压缩空气用来吹净工作服、乙炔管道等操作。禁止将氧气用作试压和气动工具的气源。禁止用氧气对局部焊接部位通风换气。

2. 乙炔瓶的安全使用

（1）事故原因。乙炔瓶也易发生爆炸，其发生爆炸的原因，除了撞击和未定期检验等与氧气瓶爆炸原因相同外，还有以下一些原因。

1）乙炔瓶受热升温，瓶温过高（超过 40℃），会降低丙酮对乙炔的溶解度，导致瓶内乙炔气压急剧增高。在普通大气压下，1L 丙酮 15℃时可溶解 23L 乙炔，30℃可溶解 16L 乙炔，40℃可溶解 13L 乙炔。温度升高，不能溶解的部分乙炔散发出来，使瓶内乙炔压力大为增加，这样会很危险。

2）乙炔瓶卧放使用会导致丙酮流出，空气中形成乙炔与空气的混合气、丙酮与空气的混合气，易引起燃烧与爆炸。

3）乙炔瓶内填充的多孔物质下沉，产生净空间，使部分乙炔处于高压状态。

4）乙炔瓶漏气，引起着火爆炸。

5）乙炔瓶混入空气或氧气，形成爆炸性混合气。

（2）安全措施。

1）与氧气瓶安全措施的 1）～2）点相同（其中有关气瓶的出厂检验，应按照《溶解乙炔瓶安全监察规程》的规定。

2）瓶体表面温度不得超过 40℃。瓶温过高会降低丙酮对乙炔的溶解度，导致瓶内乙炔压力急剧增高。在普通大气压下，温度 15℃时，1L 丙酮可溶解 23L 乙炔，30℃为 16L，40℃时为 13L。因此，在使用过程中要经常用手触摸瓶壁，如局部温度升高超过 40℃（会有些烫手），应立即停止使用，在采取水浇降温并妥善处理后，送至充气单位检查。

3）使用乙炔瓶时，必须配用合格的乙炔专用减压器和回火防止器。乙炔瓶阀必须与乙炔减压器连接可靠。严禁在漏气的情况下使用。否则，一旦触及明火将可能发生爆炸事故。

4）乙炔瓶存放和使用时只能直立，不能横躺卧放，以防丙酮流出引起燃烧爆炸（丙酮与空气混合气的爆炸极限为 2.9%～13%）。乙炔瓶直立牢靠后，应静候 15min 左右，才能装上减压器使用。开启乙炔瓶的瓶阀时，焊工应站在阀口侧后方，动作要轻缓，不要超过一圈半，一般情况只开启 3/4 圈。

5）乙炔瓶的充灌应分两次进行。第一次充气后的静置时间不少于表 2-6 的规定。

表 2-6　　　　乙炔瓶内允许极限压力与环境温度的关系

环境温度/℃	−10	−5	0	5	10	15	20	25	30	35	40
压力（表压，MPa）	7	8	9	10.5	12	14	16	18	20	22.5	25

6）瓶内气体严禁用尽，必须留有不低于表 2-7 规定的剩余乙炔瓶内剩余压力与环境温度的关系。

表 2-7　　　　　　　　乙炔瓶内剩余压力与环境温度的关系

环境温度/℃	<0	0~15	15~25	25~40
剩余压力/MPa	0.05	0.1	0.2	0.3

7）乙炔瓶不得遭受剧烈振动或撞击，以免填料下沉，形成净空间。

8）禁止在乙炔瓶上放置物件、工具，或缠绕、悬挂橡胶软管和焊炬、割炬等。

9）瓶阀冻结时，可用 40℃ 热水解冻。严禁火烤。

10）存放乙炔瓶的室内应注意通风换气，防止泄漏的乙炔气滞留。

3. 液化石油气瓶的安全

（1）事故原因。液化石油气瓶爆炸原因，除了剧烈撞击和未定期检验等与氧气瓶爆炸原因相同外，还有以下一些原因。

1）液化石油气瓶受热升温，液化石油气蒸汽压力增大（20℃ 时，压力 0.7MPa；40℃ 时，压力可达 2MPa），当瓶内液化石油气压力超过气瓶耐压强度时，将发生爆炸。

2）气瓶充装过满，受热升温时瓶内压力剧增。

3）气瓶漏气，发生火灾与爆炸。

4）气瓶混入空气或氧气，形成爆炸性混合气。

（2）安全措施。

1）同氧气瓶安全措施的 1）～3）。

2）冬季使用液化石油气瓶，可在用气过程中以低于 40℃ 的温水加热或用蛇管式或列管式热水汽化器。禁止把液化石油气瓶直接放在加热炉旁或用明火烘烤或沸水加热。

3）使用和贮存液化石油气瓶的车间和库房下水道的排出口，应设置安全水封，电缆沟进出口应填装砂土，暖气沟进出口应砌砖抹灰，防止气体窜入其中发生火灾爆炸。室内通风孔除设在高处外，低处亦应设有通风孔，以利空气对流。

4）液化石油气瓶出口连接的减压器，应经常检查其性能是否正常。减压器的作用不仅是把瓶内的液化石油气压力从高压减到 3510Pa 的低压，而且在切割时，如果氧气倒流入液化气系统，减压器的高压端还能自动封闭，具有逆止作用。

5）气瓶充灌必须按规定留出气化空间，不能充灌过满。

6）衬垫、胶管等必须采用耐油性强的橡胶，不得随意更换衬垫和胶管，以防因受腐蚀而发生漏气。

7）不得自行倒出石油气残液，以防遇火成灾。

8）要经常注意检查气瓶阀门及连接管接头等处的密封情况，防止漏气。气瓶用完后要关闭全部阀门，严防漏气。

9）液化石油气瓶内的气体禁止用尽。瓶内应留有一定量的余气，便于充装前检查气样。

4. 减压器的安全使用

（1）常见故障及其排除。减压器常见故障及其排除方法见表2-8。

表2-8 减压器常见故障及排除方法

故障特征	产生原因	消除方法
减压器连接部分漏气	1. 螺钉配合松动 2. 垫圈损坏	1. 把螺钉拧紧 2. 调换垫圈
安全阀漏气	活门垫料与弹簧产生变形	调整弹簧或更换活门垫料
减压器罩壳漏气	弹性薄膜装置中的薄膜片损坏	拆开、更换膜片
调定螺钉虽已旋松，但低压表有缓慢上升的自流现象（或称直风）	1. 减压活门或活门座上有垃圾 2. 减压活门或活门座损坏 3. 副弹簧损坏	1. 去除垃圾 2. 调换减压活门 3. 调换副弹簧
减压器使用时压力下降过大	减压活门密封不良或有堵塞	去除堵塞和调换密封垫料
工作过程中，发现气体供应不足或压力表指针有较大摆动	1. 减压活门产生了冻结现象 2. 氧气瓶阀开启不足	1. 用热水或蒸汽加热方法消除，切不可用明火加温，以免发生事故 2. 如大瓶阀开启程序
高、低压力表指针不回到零值	压力表损坏	修理或调换后再使用

（2）安全使用。

1）减压器应选用符合国家标准规定的产品。如果减压器存在表针指示失灵、阀门泄漏、表体含有油污未处理等缺陷，禁止使用。

2）氧气瓶、溶解乙炔瓶、液化石油气瓶等都应使用各自专用的减压器，不得自行换用。

3）安装减压器前，应稍许打开气瓶阀吹除瓶口上的污物。瓶阀应慢慢打开，不得用力过猛，以防止高压气体冲击损坏减压器。焊工应站立在瓶口的一侧。不准在减压器上挂放任何物件。

4）减压器在专用气瓶上应安装牢固。采用螺纹连接时，应拧足5个螺纹以上；采用专门夹具夹紧时，装卡应平整、牢靠。

5）同时使用两种不同气体进行焊接、气割时，不同气瓶减压器的出口端都应各自装有单向阀，防止相互倒灌。

6）必须保证用于液化石油气、熔解乙炔或二氧化碳等气体的减压器位于瓶体的最高部位，防止瓶内液体流入减压器。

7）当发现减压器发生自流现象和减压器漏气时，应迅速关闭气瓶阀，卸下减压器，并送专业修理点检修，不准自行修理后使用。新修好的减压器应有检修合格证明。

8）冬季使用减压器应采取防冻措施。如果发生冻结，应用热水或水蒸气解冻，严禁火烤、锤击和摔打。

9）禁止用棉、麻绳或一般橡胶等易燃物料作为氧气减压器的密封垫圈。禁止油脂接触氧气减压器。

10）减压器卸压的顺序是：首先，关闭高压气瓶的瓶阀；然后，放出减压器内的全部余气；最后，放松压力调节螺钉，使表针降至零位。

5. 乙炔发生器的安全使用

（1）事故原因。乙炔发生器是一种容易发生着火爆炸危险的设备，它的工作介质中有可燃易爆气体乙炔和遇水燃烧一级危险品电石。在加料换料时空气会进入罐内，发生回火时火焰和氧气还会进入发生器。因此，乙炔发生器发生着火和爆炸事故的原因比较复杂。

乙炔发生器发生着火爆炸事故的具体原因有。

1）电石质量原因。

a. 电石含磷过多。

b. 电石颗粒太细。

c. 电石含有硅铁。

2）设备原因。

a. 结构设计不合理，冷却用水不足。这种情况大多存在于利用现有材料自制的发生器。

b. 缺少必要的安全装置或安全装置失灵。

c. 发生器的加料机构或调节机构等运动部分的机件，互相摩擦碰撞，产生火花。

d. 发生器罐体或胶管连接处漏气。

3）操作原因。

a. 在装换电石时遇着明火。

b. 未按时换水或灌水量不足，造成电石过热。

c. 在发生器罐内或胶管中，形成乙炔与空气（或氧气）的混合气。这类错误操作较为常见，例如在加料后，未将发生室内的乙炔与空气混合气排净，即给焊割炬点火；用氧气胶管吹除乙炔胶管的堵塞物，致氧气进入罐内；在更换电石和工作结束打开盖子时，有些焊工在盖上盖子后，错误地立即将发生器里的水放掉，致使空气进入罐内，形成乙炔与空气的混合气，等等。

d. 操作过程中发生回火。

4）其他原因。

a. 乙炔发生器的温度或压力过高。

b. 安全管理原因，如：安全操作的规章制度不健全，工作现场管理混乱，非气焊与气割工操作使用乙炔发生器等。

（2）安全措施。发生器的操作人员必须受过专门的安全培训，熟悉发生器的结构原理、维护规则及安全操作技术，并经安全技术考试合格。禁止非气焊工操作乙炔发生器。

发生器的使用需注意下列安全事项。

1）使用乙炔发生器前，应首先检查发生器的安全装置是否齐全，工作性能是否正常，管路、阀门的气密性是否良好，操纵机构是否灵活等，在确认正常后才能灌水并加入电石。

2）灌水必须按规定装足水量。冬季使用发生器时如发现冻结，只能用热水或蒸汽解冻，严禁用明火或烧红的铁烘烤，更不准用铁器等易产生火花的物体敲击。

3）发生器启动前要检查回火防止器的水位，待一切正常后，才能打开进水阀给电石送水，或通过操纵杆让电石篮下降与水接触产生乙炔。这时，应检查压力表、安全阀及各处接头等处是否正常。

4）在供气使用前应排放发生器内留存的乙炔与空气混合气。运行过程中清除电石渣的工作，必须在电石完全分解后进行。

5）发生器内水温超过80℃时，应该灌注冷水或暂时停止工作，采取冷却措施使温度下降。不可随便打开发生器和放水，以防止因电石过热引起着火和爆炸。

6）发生器停用时应先将电石篮提高，脱离水面或关闭进水阀，使电石停止产气。然后，再关闭出气管阀门，停止乙炔输出。开盖取出电石篮后，应排渣和清洗干净。

7）开盖取出电石篮时，若发生器着火，不得采取盖上盖子后立即放水的操作办法。应立即盖上盖子，以隔绝空气。接着，使电石与水脱离接触，待冷却降温后才能再开盖和放水。

8）乙炔发生器不应布设在高压线下和吊车滑线下等处；不准靠近空气压缩机、通风机的吸风口，并应布置在下风侧；不得布设在避雷针接地导体附近，乙炔发生器与明火、散发火花地点、高压电源线及其他热源的水平距离应保持在10m以上，不准安放在剧烈振动的工作台和设备上。夏季在室外使用移动式发生器时应加以遮盖，严禁在烈日下暴晒。

6. 回火防止器的安全使用

回火防止器的安全使用主要包括以下几点。

（1）回火防止器有缺陷（乙炔的流量不足或带水过多等）影响工艺要求时，应及时进行检修或更换。

（2）每个岗位式回火防止器只能供一把焊炬或割炬使用。

（3）焊炬或割炬点火前，应排净回火防止器内的空气（或氧气）与乙炔的混合气。

（4）水封回火防止器使用时应垂直挂放，器内的水量不得少于水位计（或水位龙头）标定的要求。但也不宜过多，以免乙炔带水多而影响火焰温度。

（5）乙炔气容易产生带黏性油质的杂质，因此，应经常检查水封回火防止器逆止阀的密封性。干式回火防止器的阻火元件如发生堵塞现象，可将其浸于丙酮里清洗，再用压缩空气吹干，保持气路通畅。

（6）每次回火后，应检查阻火介质（水封式的水量、干式的粉末冶金片或陶瓷管）及泄压部位（爆破片或泄压阀），正常后才能继续使用。

（7）冬季使用水封回火防止器，工作结束后应把水全部排出、洗净，以免冻结。如发现冻结现象，只能用热水或蒸汽解冻，严禁用明火或红铁烘烤。

7. 焊炬的安全使用

（1）使用前必须先检查其射吸性能。检查方法为：将氧气胶管紧固在氧气接头上，接通氧气后，首先开启乙炔调节手轮，再开启氧气调节阀，然后用手指按在乙炔接头上。若感到有一股吸力，则表明其射吸性能正常。如果没有吸力，甚至氧气从乙炔接头中倒流出来，则说明射吸性能不正常，必须进行修理，严禁使用没有射吸能力的焊炬。焊炬的内腔要光滑，气路通畅，阀门严密，调节灵敏，连接部位紧密而不泄漏。

射吸性能检查正常后，再检查是否漏气。检查方法为：把乙炔胶管也接在乙炔接头上，将焊炬浸入干净的水槽里，或者在焊炬的各连接部位、气阀等处涂抹肥皂水，然后开启调节阀送入氧气和乙炔气，不严密处将会冒出气泡。

（2）经以上检查合格后，才能给焊炬点火。点火时有先开氧气和先开乙炔两种方法。先开氧气点火时应先把氧气阀稍微打开，然后打开乙炔阀。点火后立即调整火焰，使火焰达到正常情况。先开乙炔点火是在点火时先开乙炔阀点火，使乙炔燃烧并冒烟灰，此时立即开氧气阀调节火焰。

（3）关火时，应先关乙炔后关氧气，以防止火焰倒袭和产生烟灰。使用大号焊嘴的焊炬在关火时，可先把氧气开大一点，然后关乙炔，最后再关氧气。先开大氧气是为了保持较高流速，有利于避免回火。

（4）发生回火时应急速关乙炔，随即关氧气，尽可能缩短操作时间，动作连贯。如果动作熟练，可以同时完成操作。倒袭的火焰在焊炬内会很快熄灭。等枪管体不烫手后，再开氧气，吹出残留在焊炬里的烟灰。

此外，在紧急情况下可拔去乙炔胶管。为此，一般要求乙炔胶管与焊炬接头的连接，应避免太紧或太松，以不漏气并能插上和拔下为原则。

（5）焊炬、割炬停止使用后，应拧紧调节手轮并挂在适当的场所，也可卸下胶管，将焊炬、割炬存放在工具箱内。必须强调指出，禁止为求方便而不卸下胶管，将焊炬、胶管和气源作永久性连接，并将焊炬随意放在容器里或锁在工具箱内。这种做法容易造成容器或工具箱的爆炸或在点火时发生回火，并容易引起氧气胶管爆炸。

（6）禁止把焊炬、割炬的嘴放在平面上摩擦，来清除嘴上的堵塞物。不准把点燃的割炬放在工件或地面上。

（7）焊炬、割炬暂不使用时，不可将其放在坑道、地沟或空气不流通的场所以及容器内。防止因气阀不严密而漏出乙炔，使这些空间内存积易爆炸混合气，易造成遇明火而发生爆炸的事故。

（8）焊嘴和割嘴温度过高时，应暂停使用或放入水中冷却。

（9）焊炬的各连接部位、气体通道及调节阀等处，均不得粘附油脂，以防遇氧气产生燃烧和爆炸。

8. 割炬的安全使用

除上述焊炬使用的安全要求外，割炬还应注意以下两点。

（1）在开始切割前，工件表面的漆皮、铁屑和油水污物等应加以清理。在水泥地路面上切割时应垫高工件，防止锈皮和水泥地面爆溅伤人。

（2）在正常工作停止时，应先关闭氧气调节阀，再关闭乙炔和预热氧阀。

9. 胶管的安全使用

（1）事故原因。胶管发生着火爆炸的原因有。

1）由于回火引起着火爆炸。

2）胶管里形成乙炔与氧气或乙炔与空气的混合气。

3）由于磨损、挤压硬伤、腐蚀或保管维护不善，致使胶管老化，强度降低并造成漏气。

4）制造质量不符合安全要求。

5）氧气胶管粘有油脂或高速气流产生的静电火花等。

（2）安全措施。

1）应分别按照氧气胶管国家标准和乙炔胶管国家标准的规定保证制造质量。胶管应具有足够的抗压强度和阻燃特性。根据国家标准规定，氧气胶管为蓝色，乙炔胶管为红色。

2）新胶管在使用前，必须先把内壁滑石粉吹除干净，防止焊割炬的通道被堵塞。胶管在使用中应避免受外界挤压和机械损伤，也不得与上述影响胶管质量的物质接触，不得将胶管折叠。

3）工作前应检查胶管有无磨损、扎伤、刺孔、老化裂纹等，发现有上述情况应及时修理或更换。禁止使用回火烧损的胶管。如果发生回火倒燃进入氧气胶管的现象，回火常常将胶管内胶层烧坏，压缩纯氧又是强氧化剂，若再继续使用必将失去安全性。

4）为防止在胶管里形成乙炔与空气（或氧气）的混合气，氧气与乙炔胶管不得互相混用和代用，不得用氧气吹除乙炔胶管的堵塞物。同时，应随时检查和消除焊割炬的漏气堵塞等缺陷，防止在胶管内形成氧气与乙炔的混合气。

5）气割操作需要较大的氧气输出量，因此与氧气表高压端连接的气瓶（或氧气管道）阀门应全部打开，以便保证提供足够的流量和稳定的压力。防止低压表在使用氧气时压力突然下降，导致回火的发生，并可能倒燃进入氧气胶管而引起爆炸。

6）液化石油气胶管必须使用耐油胶管，爆破压力应大于4倍工作压力。

7）胶管的长度一般以10～15m为宜，过长会增加气体流动的阻力。氧气胶管两端接头用夹子夹紧或用软钢丝扎紧。乙炔胶管只要能插上保证不漏气便可，不必连接过紧。

8）胶管在保存和运输时必须注意维护，保持胶管的清洁和不受损坏。要避免阳光照射、雨雪浸淋，防止与酸、碱、油类及其他有机溶剂等影响胶管质量的物质接触。存放温度为$-15\sim40℃$，距离热源应不少于1m。

2.5.2　常见安全事故及预防

气焊气割操作中容易发生的事故有火灾、爆炸、中毒和烧伤烫伤等。其中，火灾和爆炸是气焊气割主要的安全事故。

1. 火灾事故

火灾事故是造成生命财产巨大损失的严重危害事故，在焊割作业中经常发生。

（1）事故原因。气焊气割作业中的火灾事故多是由熔化金属和熔渣飞溅火花引燃的。

（2）预防措施。为防止气焊气割作业发生火灾事故，必须采取以下防止措施。

1）焊工在焊接、切割中应严格遵守企业规定的防火安全管理制度。在企业规定的禁火区内，不准焊接。需要焊接时，必须把工件移到指定的动火区内或在安全区进行。如必须在禁火区内焊割作业时，必须报有关部门批准，办理动火证，采取可靠的防护措施后方可动火作业。

2）焊接作业的可燃、易燃物料，与焊接作业点火源距离不应小于10m。

3）焊接、切割作业时，如附近墙体、地面、缝隙以及运输皮带连通口等部位留有孔洞，都应采取封闭或屏蔽措施。

4）焊接、切割车间或工作地区必须配有足够的水源、干砂、灭火工具和灭火器材。应根据扑救物料的燃烧性能，选用灭火器材（见表2-9）。存放的灭火器材应经过检验是合格、有效的。

表2-9　　　　　　　　灭火器性能及使用方法

种类	泡沫灭火器	二氧化碳灭火器	1211灭火器	干粉灭火器	红卫儿一二灭火器
药剂	装碳酸氢钠发沫剂和硫酸铝溶液	装液态二氧化碳	装二氟氯一溴甲烷	装小苏打或钾盐干粉	装二氟二溴液体
用途	扑灭油类火灾	扑救贵重仪器设备，不能用于扑救钾、钠、镁、铝等物质火灾	扑救各种油类、精密仪器、高压电器设备	扑救石油产品、有机溶剂、电气设备、液化石油气、乙炔气瓶等火灾	扑救天然气石油产品和其他易燃、易爆的化工产品等火灾
注意事项	冬季防冻结，定期更换	防喷嘴堵塞	防受潮日晒，半年检查一次充装药剂	干燥通风防潮，半年称重一次	在高温下，分解产生毒气，注意现场通风和呼吸道的防护

5）焊接、切割工作地点有以下情况时禁止焊接与切割作业：堆存大量易燃物料（如漆料、棉花、硫酸、干草等），而又不可能采取防护措施时；可能形成易燃易爆蒸汽或积聚爆炸性粉尘时。在易燃易爆环境中焊接、切割时，应按化工企业焊接、切割安全专业标准有关的规定执行。

6）五、六级以上大风又无防护措施时，禁止露天焊割作业。

7）焊接、切割工作完毕应及时清理现场，彻底消除火种，经专人检查确认完全消除危险后，方可离开现场。

2. 爆炸事故

气焊气割中的爆炸事故大致分为各种气瓶爆炸和爆炸性混合气爆炸两大类。气瓶爆炸在常用设备的安全使用中已做过详细论述，这里主要介绍爆炸性混合气爆炸事故。

乙炔瓶和液化石油气瓶除混入空气或氧气时以及因漏气会形成爆炸性混合气之外，在气焊气割操作场所也会形成爆炸性混合物，需特别注意防止爆炸。

（1）事故原因。

1）在通风条件差的狭小空间和有限空间，很容易形成爆炸性混合气，在焊割作业时发生爆炸事故。

2）液化石油气比空气重，气焊气割作业泄漏出来的液化石油气会积聚在工作场地下部，尤其是钢板下的空隙、地沟等处，形成爆炸性混合气，发生爆炸事故。

（2）预防措施。为了防止这类爆炸事故发生，应采取以下措施。

1）检查焊炬割炬阀门和连接部位，必须保证阀门和连接部位严密不漏气。

2）保持作业现场的通风。

3）在狭窄和通风不良的地沟、坑道、检查井、管段、容器、半封闭地段等处进行气焊、气割工作时，应在地面上进行调试焊割炬混合气，并点火。禁止在工作地点调试和点火。焊、割炬和胶管都应随人进出。

3. 中毒事故

气焊气割中会遇到各种不同的有毒气体、蒸汽和烟尘，导致中毒事故的发生。

（1）事故原因。

1）气焊有色金属有时会产生有毒蒸汽和烟尘。气焊铅时，会产生铅蒸汽，引起铅中毒。气焊黄铜时，会产生锌蒸汽，引起锌中毒。气焊铝及铝合金时，要用铝气焊熔剂，会产生氟化物烟尘，也会引起急性中毒。

2）在狭小的作业空间焊接有涂层（如涂漆、塑料或镀铅、锌等）的焊件时，由于涂层物质在高温作用下蒸发或裂解形成有毒气体和有毒蒸汽等。

3）在有毒介质的容器或环境中焊接时，没有采取通风和个人防毒措施时，造成急性中毒。

4）液化石油气和乙炔中有硫化氢、磷化氢，会引起中毒。空气中乙炔和液化石油气浓度较高时，也会引起中毒。

（2）预防措施。

为了防止中毒事故的发生，应加强焊割工作场地（尤其是狭小的密闭空间）的通风措施。在封闭容器、罐、桶、舱室中焊接、切割时，应先打开施焊工作物的孔、洞，使内部空气流通，以防焊工中毒，必要时应有专人监护。

4. 烧伤烫伤事故

除发生火灾造成烧伤、高温的工件和飞溅造成烫伤外，气焊气割中还有以下几种烧伤烫伤事故，应注意并采取相应的防护措施。

（1）焊炬、割炬阀门漏气造成的烧伤。焊炬、割炬调节阀不得漏气。如果乙炔调节阀漏气，泄漏的乙炔会发生着火或形成爆炸性混合气，引起爆炸。如果氧气调节阀漏气，氧气将流入手套纤维中，遇飞溅火花时立即引起燃烧，会来不及脱掉手套而造成烧伤。因此，要检查焊炬、割炬阀门和连接部位是否漏气。如发现漏气，应及时修理。

（2）焊炬、割炬发生回火造成的烧伤。无射吸能力的焊炬、割炬发生回火时，火焰通过射吸管进入乙炔管道。由于氧气随回火火焰进入乙炔管道，回火极快，不易排除。如将乙炔管烧坏，极易造成烧伤事故。例如，某厂一名焊工气割时发生回火，回火火焰将没有扎牢的乙炔胶管冲掉，混有氧气的回火火焰将焊工握割炬的右手烧伤，虎口处被烧成直径 2cm 的穿孔，造成右手残废。所以，要检查焊炬、割炬的射吸能力。无射吸能力的焊炬、割炬严禁使用。焊炬、割炬的乙炔胶管也应该扎牢。

（3）气割中的烫伤。直接在水泥地面上切割金属材料，可能发生水泥爆炸伤人。因此，要采取防护措施，比如在水泥地面上垫块钢板等。被气割的工件也必须垫高 100mm 以上，以防止熔渣喷射造成烫伤。气割的切割氧气流不是向下时，在切割氧气流喷射方向应该有防护挡隔措施，以防止熔渣大量飞溅伤人和引起火灾。

电弧焊安全

3.1 焊条电弧焊安全

电弧焊机是利用电弧热量熔化金属进行焊接的一种设备。各种不同的弧焊方法使用的电焊机及其组成结构有所不同，如焊条电弧焊中使用的弧焊电源，是供给焊接电弧电能，结构简单，具有适宜于电弧焊电气特性的一种设备。它是电弧焊机中不可缺少的重要组成部分。

3.1.1 基本要求

1. 对空载电压的要求

当焊机接通电网而输出端没有接负载（没有电弧）时，焊接电流为零，此时输出端的电压称为空载电压，常用 $U_空$ 表示，在确定空载电压的数值时，应考虑以下几个方面。

（1）电弧的燃烧稳定。引弧时，必须有较高的空载电压，才能使两极间高电阻的接触处击穿。空载电压太低，引弧将发生困难，电弧燃烧也不够稳定。

（2）经济性。电源的额定容量和空载电压成正比，空载电压越高，则电源容量越大，制造成本越高。

（3）安全性。过高的空载电压会危及焊工的安全。因此，我国有关标准中规定最大空载电压 U 为

弧焊变压器，$U_{空最大} \leqslant 80V$。

弧焊整流器，$U_{空最大} \leqslant 90V$。

2. 对电源动特性的要求

弧焊电源应能承受瞬时短路，因为在引弧时以及焊条熔滴进入溶池的过程中，经常会出现短路；熔滴脱离焊条后，又要立即重新引燃电弧。可见，电弧

状态经常发生变化，电弧电压和焊接电流不断地发生瞬间变化。

所谓电源动特性，就是指电弧（负载）状态发生突然变化时，电源输出电流和输出电压对电弧瞬间变化的适应能力。也可以说，动特性就是电源适应电弧变化的能力。动特性好，引弧和重新引弧容易，电弧燃烧稳定，熔滴过渡平稳顺利，飞溅少，焊缝成形良好。

对电源动特性的要求主要是在引弧和发生熔滴短路时，短路电流不能太大，熔滴脱离焊条后要迅速恢复电弧电压等。一般要求，电焊机的短路电流不超过焊接电流的 50%，也即采用 200A 焊接电流时，短路电流不应大于 300A。同时，要求在焊接过程中，电流的变动范围要小。

随着电弧长度的变化，电焊机的电压应当迅速改变。当电弧长度增加或缩小时，电弧电压也应随之升高或降低。一般电焊机的电弧电压（工作压力）为 25～40V。

3. 对电源外特性的要求

焊接电源输出电压与输出电流之间的关系称为电源的外特性，外特性用曲线来表示，称为外特性曲线。

弧焊电源外特性曲线的形状对电弧及焊接参数的稳定性有重要的影响。在弧焊时，弧焊电源供电，电弧作为用电负载，电源—电弧构成一个电力系统。为保证电源—电弧系统的稳定性，必须使弧焊电源外特性曲线的形状与电弧静特性曲线的形状作适当的配合。

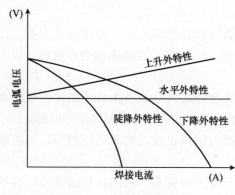

图 3-1　电源外特性曲线

弧焊电源外特性曲线有若干种，可供不同的弧焊方法及工作条件选用，如图 3-1 所示。

电弧的静特性曲线与电源的外特性曲线的交点就是电弧燃烧的工作点。手弧焊焊接时要采用具有陡降外特性的电源，图 3-2 中 l 为电源陡降的外特性曲线。因为手弧焊时，电弧的静特性曲线呈 L 形。当焊工由于手的抖动，引起弧长变化时，电弧的静特性曲线由 l_0 变为 l_1。电源外特性曲线 l 与电弧静特性曲线的交点 A_0 和 A_1 对应的焊接电流为 I_0 和 I_1。焊接电流当采用陡降的外特性电源时，同样的弧长变化，它所引起的焊接电流变化比缓降外特性或平特性要小得多，有利于保持焊接电流的稳定，从而使焊接过程稳定，如图 3-2 所示。

4. 对电源调节特性的要求

在焊接过程中，根据焊件的性质、厚度、焊接接头形式、位置以及焊条（焊丝）类型、直径的不同，需要选择不同的焊接规范，即不同的焊接电压和电流等。对于一定的弧长，弧焊电源应能在一定范围内均匀而灵活地提供所需的焊接电流和电压，弧焊电源所具备的这一性能，称为调节特性。需要指出的是不同的焊接方法对电源的调节特性要求不尽相同。例如焊条电弧焊，焊接电流变化范围不大，一般在 $100\sim400A$ 之间，施焊不同厚度焊件时，电弧电压一般保持不变，只需改变焊接电流就能保证得到所要求的焊缝成形和质量。埋弧自动焊时，为保证焊缝质量，焊缝的熔宽和熔深一般要保持在 $1.3\sim2$ 的比例关系，电弧电压主要影响熔宽，焊接电流主要影响熔深，所以，对用于这种焊接方法的电源就应具备焊接电流和电弧电压能够相应增加或减小的调节性能。

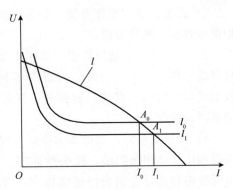

图 3 - 2 焊条电弧焊稳定工作条件

l—电源外特性曲线；

l_0、l_1—电弧静特性曲线

3.1.2 原理与特点

1. 工作原理

焊条电弧焊通常指采用药皮焊条的手工焊接法。它是利用在焊条和工件之间产生的电弧热量熔化焊条和母材，连接被焊工件形成焊接接头。

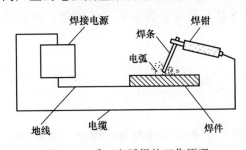

图 3 - 3 手工电弧焊的工作原理

焊条电弧焊设备组成简单，它主要由焊接电源、焊钳、工件及相互间的连接电缆所组成，如图 3 - 3 所示。

焊接是指电源接通后，焊条接触工件划擦引弧，此时，焊条和母材在电弧高温的作用下迅速熔化而形成熔池，焊条药皮燃烧分解，向熔池过渡合金元素，并产生保护性气体，将电弧区域与大气隔离，一部分药皮熔化后形成熔渣，覆盖正在凝固的焊缝金属，最终形成焊缝。

2. 特点

（1）优点。焊条电弧焊的优点主要有如下几方面。

1）设备简单，操作方便。焊条电弧焊设备简单，价格低廉，使用可靠，维护保养容易，操作方便。

2）工艺灵活，适应性强。适用于碳钢、低合金钢、耐热钢、不锈钢等各种材料的平焊、横焊、立焊、仰焊等各种位置以及不同厚度、结构形状的焊接，特别是对不规则的焊缝、短焊缝、仰焊缝、高空和狭窄位置的焊缝，更显得机动灵活，操作自如。

3）焊接质量好。因电弧温度高，焊接速度较快，热影响区小，与气焊和埋弧焊相比，金相组织细，接头性能好。由于电焊条和电焊机的不断改进，在常用低碳钢和低合金钢的焊接结构中，焊缝的力学性能能有效地进行控制，达到与母材等强的要求。

4）易于控制应力和变形。在所有的焊接结构中，因受热循环的作用，都存在着焊接残余应力和变形，外形复杂的焊件、长焊缝和大型焊接结构更为突出。焊条电弧焊时，可以通过调整焊接工艺，如采用跳焊、逆向分段焊、对称焊等方法，来减少变形和改善应力分布。

（2）缺点。焊条电弧焊主要存在以下缺点。

1）技术要求高。焊工的操作技术水平、经验、身体状况、情绪等对焊接质量影响很大，因而焊接质量不够稳定，要求焊工操作技术水平高。

2）劳动条件差、劳动强度大。焊接全部为手工操作，而且焊接时存在高温、弧光、烟尘、有害气体等因素影响，因而焊工劳动条件差，劳动强度大。

3）生产率低。焊条电弧焊焊接时电流不能太大，否则焊条药皮易发红、变质，甚至脱落。又由于焊条电弧焊属于手工操作，并需经常更换焊条、敲渣，辅助时间长，因而生产率低。

4）浪费金属。采用焊条电弧焊焊接时电流不能太大，所以焊接厚板时，需开较大的坡口，同时也增加了焊条的填充量，再加上焊条头不能使用，因而金属浪费量较大。

3.1.3　工艺参数

1. 焊条种类和型号

主要根据母材的性能、接头的刚性和工作条件选择焊条，焊接一般碳钢和低合金钢主要是按等强度原则选择焊条的强度级别，对一般结构选用酸性焊条，重要结构选用碱性焊条。

2. 焊接电源种类和极性

手弧焊时采用的电源有交流和直流两大类，根据焊条的性质进行选择。通常，酸性焊条可同时采用交、直流两种电源，一般优先选用交流弧焊机。碱性

项目3 电弧焊安全

焊条由于电弧稳定性差，所以必须使用直流弧焊机，对药皮中含有较多稳弧剂的焊条，也可使用交流弧焊机，但此时电源的空载电压应较高些。

采用直流电源时，焊件与电源输出端正、负极的接法，叫作极性。

焊件接电源正极，焊条接电源负极的接线法叫作正接，也称正极性。

焊件接电源负极，焊条接电源正极的接线法叫作反接，也称反极性。

3. 焊条直径

选择较大直径的焊条，有利于提高生产率，但直径过大，会造成未焊透及焊缝成形不良等缺陷。

焊条直径的选择主要取决于被焊材料的厚度、焊接接头形式、焊接位置及焊道层次等因素。一般，焊接厚度较大的焊件可以选用直径较大的焊条，见表3-1。但厚板多层焊时，为了保证焊透和得到良好的焊缝成型，焊接第一层焊道应选择直径较小的焊条，最好采用直径不超过 3.2mm 焊条焊接。仰焊、横焊、立焊时，为防止熔化金属下流，比平焊时选用的焊条应细些，一般立焊时，焊条直径最大不超过5mm，横焊、仰焊不超过4mm。

表3-1　　　　　　　　　焊条直径与焊件厚度的关系　　　　　　　　单位：mm

焊件厚度	≤4	4～12	＞12
焊条直径	2.0～3.2	3.2～4	≥4

4. 焊接电流

焊接电流的大小，与焊条的类型、焊条直径、工件厚度、焊接接头形式、焊缝位置以及焊接层次等有关，但主要由焊条直径、焊接位置和焊道层次来决定。

（1）焊条直径。通常焊接电流与焊条直径有如下关系

$$I = k \times d \qquad (3-1)$$

式中　I——焊接电流，A。

　　　d——焊条直径，mm。

　　　k——经验系数。

当焊条直径 d 为 1～2mm 时，$k=25\sim30$。

当焊条直径 d 为 2～4mm 时，$k=30\sim40$。

当焊条直径 d 为 4～6mm 时，$k=40\sim60$。

（2）焊接位置。在平焊位置焊接时，可选择偏大些的焊接电流。横、立、仰焊位置焊接时，焊接电流应比平焊位置小 10%～20%。角焊电流比平焊电流稍大些。

（3）焊道层次。通常焊接打底焊道时，特别是焊接单面焊双面成型的焊道

时，使用的焊接电流要小，这样才便于操作和保证背面焊道的质量；焊接填充焊道时，为提高效率，通常使用较大的焊接电流；而焊接盖面焊道时，为防止咬边和获得较美观的焊缝，使用的电流稍小些。

（4）焊条类型。碱性焊条选用的焊接电流比酸性焊条小 10％左右。不锈钢焊条电阻大，焊条药皮易发红，因此焊接电流比碳钢焊条小 20％左右。

5. 焊接层数

多层焊和多层多道焊的接头组织细小，热影响区较窄，因此有利于提高焊接接头的塑性和韧性，特别对于易淬火钢，后焊缝对前焊缝有回火作用，可改善接头组织和力学性能。低碳钢及 16Mn 等普通低合金钢的焊接层数对接头质量影响不大，但如果层数过少，每层焊缝厚度过大时，对焊缝金属的塑性有一定的影响。其他钢种都应采用多层多道焊，一般每层焊缝的厚度不大于 4mm。

6. 电弧电压

电弧电压是由焊工根据具体情况灵活掌握的，其原则一是保证焊缝具有合乎要求的尺寸和外形，二是保证焊透。

电弧电压主要决定于弧长。电弧长，电弧电压高；反之，则低。在焊接过程中，一般希望弧长始终保持一致，而且尽可能用短弧焊接。所谓短弧是指弧长为焊条直径的 0.5～1.0 倍，超过这个限度即为长弧。

7. 焊接速度

焊接速度可由操作者根据具体情况灵活掌握，原则是保证焊缝具有所要求的外形尺寸，且熔合良好。在焊接过程中，操作者应随时调整焊接速度，以保证焊缝的高低和宽窄的一致性。如果焊接速度太小，则焊缝会过高或过宽，外形不整齐，焊接薄板时甚至会烧穿；如果焊接速度太大，焊缝较窄，则会产生未焊透的缺欠。

3.1.4　操作技术

焊条电弧焊是手工操纵焊条进行焊接的焊接方法，焊工的操作技术对焊缝的质量起决定性作用。其内容主要包括引弧、收弧、运条和焊道接头方法等。

1. 引弧

焊条电弧焊的引弧方法有擦划法和碰击法两种，如图 3-4 所示。

（1）擦划法。该方法容易掌握，不受焊条端部清洁情况的限制（指无熔渣），但易擦伤焊件表面。因此，在锅炉、压力容器、压力管道焊接中，引弧位置必须在坡口内壁或前层焊道上，禁止在工件非焊接部位引弧，且引弧点必须被电弧完全重熔。

将焊条对准工件引弧板，像火柴一样在焊件表面轻微划擦，引燃电弧，然后将焊条立即提起 2～4mm，使电弧稳定燃烧。

（2）碰击法。也叫直击法，常用于比较困难的焊接位置，对工件污染较小。碰击法是将焊条末端垂直地在工件起焊处轻微碰击，然后迅速将焊条提起，电弧引燃后，立即使焊条末端与工件保持 2～4mm，引燃电弧后，手腕放平，使电弧稳定燃烧。这种引弧方法的优点是不会使工件表面造成划伤缺欠，又不受工件表面的大小及工件形状的限制，所以是正式生产时采用的主要引弧方法。

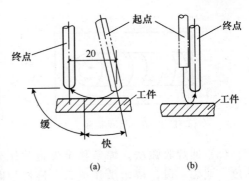

图 3-4　碰击法和擦划法示意图
(a) 擦划法；(b) 碰击法

缺点是受焊条端部的状况限制，引弧成功率低，焊条与工件往往要碰击几次才能使电弧引燃和稳定燃烧，操作不易掌握。敲击时如果用力过猛，药皮容易脱落，操作不当还容易使焊条粘于工件表面。

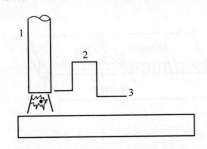

图 3-5　引弧后的电弧长度变化
1—引弧；2—拉长电弧；3—正常弧长焊接

两种引弧方法都要求引弧后，先拉长电弧，再转入正常弧长焊接，如图 3-5 所示。

引弧动作如果太快或焊条提得过高，不易建立稳定的电弧，或引弧后易于熄灭；引弧动作如果太慢，又会使焊条和工件粘在一起，产生长时间短路，使焊条过热发红，造成药皮脱落，也不能建立起稳定的电弧。

2. 收弧

收弧不仅是将电弧熄灭，还应将熔池填满，使焊缝终端具有与正常焊缝相同的尺寸。如果有弧坑存在，在一定条件下容易形成弧坑裂纹。

收弧一般有三种方法。

（1）划圈收弧法。焊条焊至焊缝终点时，做圆圈动作，直到填满弧坑再拉断电弧。此方法适用于厚板焊件收弧，用于薄板则有烧穿的危险，如图 3-6 所示。

（2）反复断弧收弧法。焊条焊至焊缝终点时，在弧坑上做数次反复熄弧引弧，直到填满弧坑为止。此法适用于薄板和大电流焊接。碱性焊条不宜使用，否则易产生气孔，如图 3-7 所示。

建筑焊工

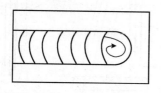

图 3-6 划圈收弧法

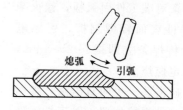

图 3-7 反复断弧收弧法

（3）回焊收弧法。焊条移至焊道收尾处即停止，但不熄弧，然后改变焊条角度，回焊一段，待填满弧坑后，慢慢拉断电弧。此法适用于碱性焊条，如图3-8所示。

3. 运条

焊接过程中，为了保证焊缝成形美观，焊条要做必要的运动，简称运条。运条同时存在三个基本运动：焊条沿焊接方向的均匀移动、焊条沿中心线不停地向下送进和横向摆动，如图3-9所示。实际操作时，应根据熔池形状与大小的变化，灵活地调整运条动作，使三者更好地协调，将熔池控制在所需的形状与大小范围内。

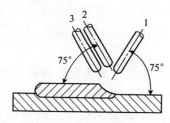

图 3-8 回焊收弧法

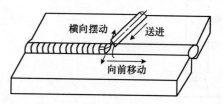

图 3-9 运条的三个基本动作

（1）沿焊接方向移动。焊条沿焊接方向均匀移动的速度即焊接速度，该速度的大小对焊缝成形起非常重要的作用。随着焊条的不断熔化，逐渐形成一条焊缝。若焊条移动速度太慢，则焊缝会过高、过宽，外形不整齐，焊接薄板时会产生烧穿现象；若焊条的移动速度太快，则焊条和工件会熔化不均，焊缝较窄。焊条移动时，应与前进方向成 $65°\sim80°$ 的夹角，以使熔化金属和熔渣推向后方。如果熔渣流向电弧的前方，会造成夹渣等缺欠。

（2）焊条沿熔池方向送进。焊条向熔池方向逐渐送进，既是为了向熔池添加熔敷金属也是为了在焊条熔化的过程中保持电弧长度，即焊条的送进速度应与焊条的熔化速度相等。如果下送速度太慢，会使电弧逐渐拉长，直至断弧；如果下送速度太快，会使电弧逐渐缩短，直至焊条与熔池发生接触短路，导致电弧熄灭。

（3）焊条的横向摆动。焊条的横向摆动，是为了向焊件输入足够的能量，以保证熔池中气体、熔渣有足够的排出时间，并获得具有一定宽度的焊道或焊缝。几种常见的横向摆动方式有：锯齿形、月牙形、三角形、圆圈形，如图3-10所示。

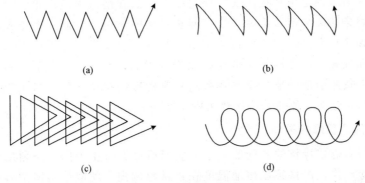

图3-10 横向摆动方式
(a) 锯齿形；(b) 月牙形；(c) 三角形；(d) 圆圈形

1) 锯齿形运条法。锯齿形运条法是指焊接时，焊条做锯齿形连续摆动及向前移动，并在两边稍停片刻，摆动的目的是为了得到必要的焊缝宽度，以获得良好的焊缝成形。这种方法在生产中应用较广，多用于厚板对接焊。

2) 月牙形运条法。月牙形运条法是指焊接时，焊条沿焊接方向做月牙形的左右摆动，同时需要在两边稍停片刻，以防咬边。这种方法应用范围和锯齿形运条法基本相同，但此法焊出的焊缝较高。

3) 三角形运条法。三角形运条法是指焊接时，焊条做连续的三角形运动，并不断向前移动。其特点是焊缝断面较厚，不易产生夹渣等缺欠。

4) 圆圈形运条法。圆圈形运条法是指焊接时，焊条连续做正圆圈或斜圆圈运动并向前移动。其特点是有利于控制熔化金属不受重力作用而产生下淌现象，有利于焊缝成形。

4. 焊道接头

焊接过程中由于受焊条长度的限制或断弧等因素影响，产生焊缝接头情况是不可避免的。常用的施焊接头的连接形式大体可以分为两类：冷接头和热接头。

(1) 冷接头。焊缝与焊缝之间的接头连接，称为冷接头。冷接头在施焊前，应使用砂轮机或机械方法将焊缝被连接处打磨出斜坡形过渡带，在接头前方10mm处引弧，电弧引燃后稍微拉长一些，然后移到接头处，稍作停留，待形成熔池后再继续向前焊接。用这种方法可以使接头得到必要的预热，保证熔池中气体的逸出，防止在接头处产生气孔。收弧时要将弧坑填满后，慢慢地将焊条拉向弧坑一侧熄弧。

（2）热接头。焊接过程中由于自行断灭弧或更换焊条时，熔池处在高温红热状态下的接头连接，称为热接头。热接头的操作方法可分为两种：一种是快速接头法，另一种是正常接头法。快速接头法是在熔池熔渣尚未完全凝固的状态下，将焊条端头与熔渣接触，在高温热电离的作用下重新引燃电弧后的接头方法。这种接头方法适用于厚板的大电流焊接，它要求焊工更换焊条的动作要特别迅速而准确。正常接头法是在熔池前方 10mm 左右处引弧后，将电弧迅速拉回熔池，按照熔池的形状摆动焊条后正常焊接的接头方法，如果等到收弧处完全冷却后再接头，则宜采用冷接头操作方法。

5. 不同位置焊接操作

各种位置焊接操作的共同要点是：应当通过保持正确的焊条角度和掌握好运条的三个动作，严格控制熔池温度在正常范围内，就能使熔池金属的冶金反应完全，气体、杂质排除彻底。但由于熔滴、熔池在不同的焊接位置时，承受重力的影响不同，因而具有不同的操作特点，下面介绍各种位置焊接的操作要点。

（1）平焊。焊接时熔滴金属主要靠自重自然过渡，操作技术比较容易掌握，允许用较粗直径的焊条和较大的焊接电流，所以生产率高；有铁水和熔渣易混在一起分不清的现象，当熔渣超前易形成夹渣；单面焊双面成形时如规范和操作不当，第一层易产生焊瘤、未焊透或背面成形不良等现象。

平焊的操作要点。

1）由于焊缝基本处于水平位置，所以操作较容易，允许使用直径较大的焊条和较大的电流。

2）为了防止熔渣和铁水出现混合不清现象，可将电弧稍许拉长，同时将焊条向前倾斜，倾角宜控制为 70°～80°，并做向熔池后面推送熔渣动作。

3）焊件厚度小于 6mm 进行平对接焊时，可不开坡口。焊正面焊缝时，宜用 3～4mm 直径焊条，采用短弧焊接，运条方法采用直线形，运条速度应慢些。

4）焊件厚度大于 6mm 平板对接焊时，应开坡口。进行多层焊或多层多道焊时，焊第一层的打底焊道，应选用较小直径焊条，采用直线形或直线往复形运条方法。焊第二层以上，采用直径较大焊条或较大的焊接电流进行短弧焊接，用月牙形或锯齿形运条方法。

5）焊条直线速度不要过慢，运用灵活熟练的运条手法，将熔池控制为始终如一的形状与大小。正常情况下熔池形状应为半圆形或椭圆形，且表面略下凹。

（2）横焊。横焊时铁水因自重易下坠至坡口上，形成未熔合和层间夹渣；铁水与熔渣易分清；类似于立焊；采用多层多道焊时能防止铁水下坠，但外观不整齐。

横焊的操作要点。

1）操作时，应采用短弧、较小直径的焊条及适当的焊接电流和运条法。

2）在焊接时由于上坡口温度高于下坡口，故上坡口处不作稳弧动作，而是将电弧迅速带至下坡口根部上，做很小的横拉稳弧动作。如果坡口间隙小时，增大焊条倾角；反之则减小焊条倾角。

3）对于不开坡口的横对接焊，宜选用 3.2mm 直径的焊条。焊件较薄时，用直线往复形运条法；焊件较厚时，用圆圈形运条法。

4）焊接开坡口的横对接焊缝时，应采用多层焊。焊第一层时，焊条直径可为 3.2mm，用直线形运条法，第二层以上用圆圈形运条法。

（3）立焊。铁水和熔渣因自重下坠，故易分离。但熔池温度过高时铁水易下流形成焊瘤；易掌握熔透情况；表面易咬边，不易焊得平整。

立焊的操作要点。

1）立对接焊时，焊条与焊件的角度左右方向各 90°，向下与焊缝成 60°～80°，而立角接焊时，焊条与两板之间各为 45°，向下与焊缝成 60°～80°。

2）采用短弧焊，可用半圆弧形的横向摆动加挑弧（灭弧）的操作法，操作中要特别注意控制熔池温度不要过高。

3）用较小的焊条直径和焊接电流，以减小熔池体积，防止熔化金属下流。

（4）仰焊。铁水因自重易滴落。不易控制熔池，易出现未焊透，凹陷；清渣困难，有时易产生层间夹渣；运条难；焊缝外表不美观。

仰焊的操作要点。

1）必须保持最短的电弧长度。

2）焊条直径和焊接电流应比平焊时要小些。

3）对于不开坡口的仰对接焊，当焊件厚度小于 4mm 时，选用 3.2mm 直径焊条。

4）当焊件厚度大于 5mm 时，应开坡口进行仰对接焊，用多层焊或多层多道焊。

5）坡口角度应略大于平焊，以保证操作方便。焊接带坡口的仰焊焊缝的第一层时，焊条与坡口两侧成 90°角，与焊接方向成 70°～80°角，用最短弧做前后推拉的动作。

6）熔池宜薄不宜厚，防止铁水下坠并确保与母材熔合良好。熔池温度过高时可以抬弧，使温度稍微降低。

3.1.5　安全使用

1. 安全规程

焊条电弧焊在使用过程中需要注意以下安全规程。

（1）操作人员要求。焊接操作人员必须持有焊工考试合格证，才能上岗操作。工作时，严格遵守和执行安全操作规程。

（2）先安全检验后作业。

1）弧焊设备外露的带电部分必须设置完好的保护，以防人员或金属物体（如货车、起重机的吊钩）与之相接触。

2）焊接线路各接线点的接触是否良好。

3）检查内容包括焊机外壳有无接地或接零装置、装置必须连接良好；在有接地或接零装置的焊件上进行弧焊操作，或焊接与大地密切连接的焊件（如管道、房屋的金属支架等）时，应特别注意避免焊机和工件的双重接地。

4）构成焊接回路的焊接电缆必须适合于焊接的实际操作条件；焊接电缆的绝缘外皮必须完整，绝缘良好（绝缘电阻大于 $1M\Omega$）。用于高频、高压振荡器设备的电缆，必须具有相应的绝缘性能。

5）构成焊接回路的电缆禁止搭在气瓶等易燃品上，禁止与油脂等易燃物质接触。盘卷的焊接电缆在使用之前应展开，以免过热及绝缘损坏，在经过通道、马路时，必须采取保护措施（如使用保护套）。

6）检查在施工现场不得有影响焊工安全的任何冷却水、保护气或机油等泄漏。

7）能导电的物体（如管道、轨道、金属支架、暖气设备等）不得用作焊接回路的永久部分。但在建造、延长或维修时可以考虑作为临时使用，其前提是必须经检查确认所有接头处的电气连接良好，任何部位不会出现火花或过热。

一切符合要求后，方可开始焊接操作。不允许未经检查就开始工作。

（3）焊工的手和身体不得随便接触二次回路的导电体。

1）特别是在夏天身上大量出汗，衣服湿透等情况下，不能倚靠在工作台、焊件或接触焊钳（枪）带电体等。

2）在狭小空间、船舱、容器管道内的焊接作业，更需注意避免触电。对于焊机空载电压较高的焊接操作，以及在潮湿工作地点的操作，还应在操作点附近地面上铺设橡胶绝缘垫。

3）使用的焊钳必须具备良好的绝缘性能和隔热性能，并且维修正常。焊钳不得在水中浸透冷却。

4）焊工不得将焊接电缆缠绕在身上。

5）当焊接工作中止时（如工间休息），必须关闭设备或焊机的输出端或者切断电源。金属焊条和碳极在不用时必须从焊钳上取下以消除触电危险。焊钳在不使用时必须置于与人员、导电体、易燃物体或压缩空气瓶接触不到的地方。

6）要求焊工使用状态良好的、足够干燥的手套。

（4）下列操作应该切断电源开关才能进行。

1）转移工作地点搬动焊机。

2）更换熔丝。

3）焊机发生故障的检修。

4）改变焊机接头。

5）更换焊件而需改装二次回路的布设等。

接通或断开开关时，必须戴绝缘手套。同时焊工头部需偏斜，以防电弧火花灼伤脸部。

（5）在触电危险环境下的安全措施。在金属容器内（如油槽、气柜、锅炉、管道等）、金属结构上以及其他狭小工作场所焊接时，触电的危险性最大。必须采取专门的防护措施。

1）采用橡胶垫、戴绝缘手套、穿绝缘鞋等，以保障焊工身体与焊件间的绝缘。

2）不允许采用无绝缘外壳的简易电焊钳，并且要采取两人轮换工作制，以便互相照顾。或者设一名监护人员，随时注意焊工的安全动态，遇有危险情况时，可立即切断电源，进行抢救。

3）使用行灯的电压不应超过36V或12V。

（6）其他注意事项。

1）焊接工作点周围10m以内，必须清除一切可燃易爆物品。

2）电焊操作者必须注意，在任何情况下都不得使自身、机器设备的传动部分或动物等成为焊接电路，以防焊接电流造成人身伤害或设备事故等。在操作中加强个人防护，使用完好的工作服、绝缘手套、绝缘鞋及垫板等。

3）焊接与切割操作中，应注意防止由于热传导作用，使工程结构和设备的可燃保温材料发生着火事故。

4）电焊设备的安装、修理和检查必须由电工进行，焊工不得擅自拆修设备和更换熔丝。临时施工点应由电工接通电源，焊工不得自行处理。

2. 常见故障

焊条电弧焊的常见故障及相应处理措施如下。

（1）焊机过热。

1）故障原因。

a. 焊机过载。

b. 变压器绕组短路。

c. 铁心螺杆绝缘损坏。

2）处理措施。

a. 减小焊接电流。

b. 消除短路。

c. 恢复绝缘。

（2）焊机外壳带电。

1）故障原因。

a. 一次绕组或二次绕组碰壳。

b. 电源线与罩壳碰接或焊接电缆误碰外壳。

c. 未接地或接地不良。

2）处理措施。

a. 检查并消除碰壳处。

b. 消除碰壳现象。

c. 接好地线。

（3）焊接电流过小。

1）故障原因。

a. 焊接电缆过长，降压太大。

b. 焊接电缆卷成盘形，电感太大。

c. 电缆接线柱与焊件接触不良。

2）处理措施。

a. 减小电缆长度或加大直径。

b. 将电缆放开，不使其成盘状。

c. 使接触处接触良好。

（4）焊接过程中电流忽大忽小。

1）故障原因。

a. 焊接电缆、焊条等接触不良。

b. 可动铁心随焊机振动而移动。

2）处理措施。

a. 排除故障，使接触可靠。

b. 采取相应措施，防止铁心移动。

（5）焊接电流不稳定。

1）故障原因。

a. 主回路交流接触器或者风压开关抖动。

b. 控制绕组接触不良。

2）处理措施。

a. 及时消除抖动。

b. 及时调整，以使接触处接触良好。

（6）焊接电流调节失灵。

1）故障原因。

a. 控制绕组匝间短路。

b. 焊接电流控制器接触不良。

c. 控制整流元件击穿。

2) 处理措施。

a. 消除短路现象。

b. 及时调整，以使接触处接触良好。

c. 更换元件，以使其正常工作。

(7) 焊机空载电压太低。

1) 故障原因。

a. 网路电压过低。

b. 变压器一次绕组匝间短路。

c. 磁力启动器接触不良。

2) 处理措施。

a. 调整电压至额定值。

b. 消除短路现象。

c. 及时调整，以使接触处接触良好。

(8) 焊接过程中焊接电压突然降低。

1) 故障原因。

a. 主回路全部或部分产生短路。

b. 整流元件击穿造成。

c. 控制回路断路。

2) 处理措施。

a. 修复线路，消除短路故障。

b. 更换元件，检查保护线路。

c. 检修控制回路。

(9) 可动铁心在焊接过程中，发出强烈的嗡嗡声。

1) 故障原因。

a. 可动铁心的制动螺钉或弹簧太松。

b. 铁心活动部分的移动机构损坏。

2) 处理措施。

a. 紧固螺钉，调整弹簧拉力。

b. 检查并修理移动机构，排除故障。

(10) 风扇电动机不转。

1) 故障原因。

a. 熔丝烧断。

b. 电动机绕组断线。

c. 按钮开关触头接触不良。

2）处理措施。

a. 更换熔丝。

b. 修复或更换电动机。

c. 修复或更换按钮开关。

3. 维护

焊条电弧焊的维护工作如下。

（1）焊机的安装场地，应通风干燥、无振动、无腐蚀性气体，焊接设备机壳必须接地。

（2）保持焊机接线柱的接触良好，固定螺母要压紧。经常检查电弧焊设备的电刷与换向片间的接触情况，当火花过大时，必须及时更换或压紧电刷，或修整换向片。

（3）焊机应按额定焊接电流和负载持续率来使用，不得过载。

（4）电弧焊设备的电源开关必须采用磁力起动器，且必须使用降压起动器，使用时在合、断电源开关时，头部不得正对电闸。

（5）焊钳与工件短接情况下，不得起动焊接设备。

（6）检修焊机故障时必须切断电源，移动焊机时，应避免剧烈振动。

（7）要保持焊机的内部和外部清洁，要经常润滑焊机的运转部分，整流焊机必须保证整流元件的冷却和通风良好。

（8）工作完毕或临时离开工作场地时，必须切断电源。

3.2 埋弧焊安全

埋弧焊是工业生产中高效焊接方法之一。可焊接各种钢板结构，如焊接碳素结构钢、低合金结构钢、不锈钢、耐热钢、复合钢材等。在造船、锅炉、桥梁、起重机械及冶金机械制造业中应用最广泛。

3.2.1 原理与特点

1. 工作原理

埋弧焊是指一种利用在焊剂层下光焊丝和工件之间形成的电弧热量熔化焊丝、焊剂和母材金属而形成焊缝的过程。在埋弧焊中，颗粒状的焊剂保护了电弧和焊接区。填充金属由光焊丝提供。

在埋弧焊中，随着连续给送的光焊丝端部进入覆盖焊接区的焊剂层下和电弧的引燃，电弧区域内的焊剂、焊丝和母材不断熔化并形成熔池，熔化的焊剂浮到表面形成保护焊接区的熔壳；该熔壳和未熔化的焊剂一同起着绝热、屏蔽电弧光的有害辐射以及保护结晶中的焊缝等作用。

2. 特点

（1）优点。目前主要应用的是埋弧自动焊，与焊条电弧焊相比，埋弧自动焊有以下优点。

1）生产率高。由于埋弧焊可以使用大电流，工件熔化深度大，且增大了单位时间内焊丝的熔化量，显著地提高了生产率。同焊条电弧焊相比，埋弧焊电流密度大，加上焊剂和熔渣的隔热作用，热效率高，熔深大，坡口较小，减少了填充金属量。单丝埋弧焊在工件为I形坡口的情况下，双面焊可熔透20mm。

以厚度8～10mm的钢板对接为例，单丝埋弧焊速度可达到50～80cm/min，而焊条电弧焊则仅为10～13cm/min。特别是双丝或多丝以及带状电极的采用，更加提高了埋弧焊的生产率。

2）焊缝质量好，焊缝表面美观。焊缝的质量不受焊工情绪及疲劳程度的影响，主要取决于焊机调整的优劣，以及焊件、焊接材料的质量，在正确的焊接工艺参数下，可以获得化学成分均匀、表面平整美观的优质焊缝。

3）节省电能和材料。电弧能量集中，散失少，耗电小；中、薄焊件可不开坡口，减少填充金属。

4）改善劳动条件。机械化的焊接对焊工操作技术要求较低，使工人劳动强度减轻。由于电弧在焊剂层下燃烧，消除了弧光、飞溅及烟尘对焊工的危害。

（2）缺点。埋弧自动焊主要存在以下缺点。

1）焊接设备较复杂，仅适用于长焊缝的焊接，并且由于需要导轨行走，所以对于一些形状不规则的焊缝无法焊接。设备投资较大。

2）由于焊剂成分是氧化锰、二氧化硅等金属及非金属氧化物，因此难以用来焊接铝、钛等氧化性强的金属和合金。

3）只适用于平焊和平角焊。

4）当电流小于100A时，电弧稳定性不好，不适合焊接厚度小于1mm的薄板。

5）由于熔池较深，对气孔敏感性大。

6）对坡口精度、组装间隙等要求较严格。

3.2.2   工艺参数

1. 焊接电流

当其他条件不变时，增加焊接电流，则焊缝厚度和余高都增加，而焊缝宽度几乎保持不变。电流是决定熔深的主要因素,增大电流能提高生产率,但在一定焊速下,焊接电流过大会使热影响区过大,易产生焊瘤及焊件被烧穿等缺陷,若电流过小,则熔深不足,产生熔合不好、未焊透夹渣等缺陷,并使焊缝成形变坏。

2. 电弧电压

电弧电压对焊缝的熔深和宽度都有一定的影响,在其他参数不变的条件下,随着电弧电压的提高,焊缝宽度明显地增大,焊缝形状浅而宽、焊缝表面成形变得粗劣,导致脱渣困难,易产生未焊透、咬边等缺陷且使焊剂消耗量增大。

电弧电压和弧长成正比例,电弧电压低,在电流不变时,则熔深大,焊缝宽度窄,易产生热裂纹;电弧电压高时,焊缝宽度增加,余高不够。电弧电压是依据焊接电流调整的,即一定的焊接电流要保持一定的弧长才可能保证焊接电弧的稳定燃烧,所以电弧电压变化范围是有限的。表 3-2 列出交流焊机使用直径 5mm 焊丝时焊接电流与电弧电压相匹配的关系,可供参考。

表 3-2 焊接电流与电弧电压

焊接电流/A	600~700	700~850	850~1000	1000~1200
电弧电压/V	36~38	38~40	40~42	42~44

3. 焊丝直径

焊丝直径的选择,主要取决于所使用的焊接设备和被焊工件的形状与尺寸。采用细焊丝焊接时,由于在电弧中过渡的金属熔滴直径较小,使形成的焊缝表面波纹细密光滑,外形美观,脱渣容易,因此在深而窄,难以清渣的坡口内焊接时应首先考虑用细焊丝。大直径的焊丝能承受较高的焊接电流,从而可获得相对较高的熔敷速度。在大型焊件的焊接中,为提高焊接效率,一般采用 $\phi4\sim$ 5mm 的焊丝。

4. 焊接速度

焊接速度是影响焊缝熔深和熔宽的主要因素,焊接速度过快,焊缝熔深小,易产生未焊透缺陷;焊接速度过慢且电弧电压较高时,导致熔池尺寸过大、焊缝表面形状粗糙。为此,焊接速度必须与所选定的焊接电流、电弧电压适当匹配才能形成外观良好的焊缝。

5. 焊丝伸出长度

当焊丝伸出长度增加时,电阻增加,即增加了电阻热,使焊丝的熔化速度加快,会使熔深略有减小,熔合比也随之减小。这对于直径小于 3mm 的细焊丝影响显著。因此焊丝伸出长度应加以控制,一般波动范围不超过 5~10mm。

3.2.3 操作技术

埋弧焊的操作技术主要包括装配质量的要求、焊接衬垫的使用、引弧和收弧、焊丝的对中和电弧长度的控制等。以下只以对接接头的埋弧焊的操作技术为例作简单介绍。

1. 引弧

在埋弧焊中，最常用的引弧方法有钢绒球法、焊丝尖端法和焊丝回抽法三种。引弧是否顺利在不能采用引弧板的封闭焊缝中，对焊接质量有一定影响。

常用的引弧方法为回抽法。引弧时，首先使焊丝与工件刚好接触，然后撒上焊剂并通上电流。此时焊丝与工件短接，电压接近于零，使送丝电机反转回抽焊丝引燃电弧。当电弧电压上升到给定值时，送丝电机立刻改变方向，向下以正常速度进丝。采用这种方法引弧时，必须注意焊丝端部应清理干净，无熔渣层，工件表面应清除氧化皮等。

在焊丝尖端引弧方法中，是将焊丝端头剪成锥形的尖头，与工件轻轻接触。通电后，电流集中在直径极小的尖端处，产生高热，使焊丝尖端立刻熔化而引燃电弧，这也是一种简易可行的引弧法，已得到较普遍的应用。

2. 收弧

对于纵缝焊接都必须装有熄弧板，因此，必须在熄弧板上进行收弧和灭弧。对于不能装熄弧板的封闭焊缝（如环形焊缝），则在焊至焊缝末端时，再向前焊过焊缝首端 $40 \sim 50$ mm 后，先将焊接小车断电停止前进，焊丝继续送进，稍等片刻，待弧坑填满，立即切断焊接电源，结束焊接。

3. 对接接头单面焊

在不开坡口的情况下，埋弧焊可以在一个单程焊中焊透 20mm 以下的工件，但必须在对接接头中间预留 $5 \sim 6$ mm 的间隙，否则焊件厚度超过 $12 \sim 14$ mm 时必须开坡口才能用单面焊一次焊透。

对接接头单面焊可采用在焊剂垫上焊接、在铜垫板上焊接、在永久性垫板或封底焊缝上焊接、在临时衬垫上焊接和悬空焊接几种方法。

（1）在焊剂垫上焊接。用这种方法焊接时焊缝成形的质量主要取决于焊剂垫托力的大小和均匀与否，以及装配间隙均匀与否。所用的焊剂垫应尽可能选用细颗粒焊剂。

（2）封底焊缝上焊接。厚度大于 10mm 的工件可采用封底焊缝的焊接方法。此法在焊接直径较小的厚壁圆筒形容器上的环缝焊接，效果很好。

4. 对接接头双面焊

工件厚度超过 $12 \sim 14$ mm 的对接接头，通常采用双面焊。这种方法对焊接工艺参数的波动和工件装配质量要求都不太严格。一般都能获得很好的完全熔透。焊接第一面时，所用技术与单面焊接相似，但焊接第一面时并不要求完全熔透，而是由反面焊接保证完全焊透。焊接第一面采用的工艺方法有：悬空焊、在焊剂垫上焊、在临时垫板上焊等。

（1）悬空焊。悬空焊一般用于无坡口、无间隙的对接焊，它不用任何衬垫，装配间隙要求非常严格。为了保证焊透，正面焊时要焊透工件厚度的 40％～50％，背面焊时必须保证 60％～70％。在实际操作中一般很难测出熔深，经常是焊接时靠观察熔池背面颜色来判断估计，所以要有一定的经验。

（2）在焊剂垫上焊接。焊接第一面时，采用预留间隙不开坡口的方法最为经济。第一面的焊接规范应保证熔深超过工件厚度的 60％～70％。焊完第一面后翻转工件，进行反面焊接。其规范参数可以与正面的相同以保证工件完全焊透。第一面焊道焊接后，是否需要清根，视第一道焊缝的焊接质量而定。

如果工件需要开坡口，坡口型式以工件厚度决定。

3.2.4 安全使用

1. 安全规程

埋弧焊在使用过程中需要注意以下安全规程。

（1）埋弧焊的焊接电流强度大，因此在工作前应认真检查焊接电流各部位的导线连接是否牢固可靠，否则一旦由于接触不良，接触电阻过大，就会产生大量电阻热，引起设备烧毁，甚至造成电气火灾事故。并且还应检查电源的接地接零装置，确认正常后才可开始运行。

（2）埋弧焊的焊接电缆截面积应符合额定电流的安全要求，过细的电缆在焊接大电流作用下，绝缘套易发热老化，且硬化龟裂，是发生触电和电气火灾爆炸的隐患。

（3）焊接过程中应始终保持焊剂连续覆盖，以免焊剂中断出现明弧现象，影响焊接质量。灌装、清扫、回收、筛选焊剂时应采取防尘措施，防止焊工吸入焊剂粉尘。

（4）焊接电源、控制箱和接线板时，防护罩必须盖好，以免触电。

（5）焊接电源和机具发生故障时，应立即停机，通知专业维护人员进行修理，焊工不得擅自进行维修。

（6）在调整送丝机构及其他运行机具时，注意手指及身体其他部分不得与运动机件接触以防挤伤。

（7）工作结束后必须切断焊接电源。

2. 常见故障

埋弧焊的常见故障及相应处理措施如下。

（1）按起动按钮、继电器不工作。

1）故障原因。

a. 按钮损坏。

b. 继电器回路有断路。

2）处理措施。

a. 检查按钮，有问题时进行修理或更换。

b. 检查继电器回路，排除短路故障。

（2）按起动按钮，继电器工作，但接触器不起作用。

1）故障原因。

a. 继电器本身有故障，线包虽工作，但触点不工作。

b. 接触器回路不遇，接触器本身有故障。

c. 电网电压太低。

2）处理措施。

a. 检查继电器是否有问题。

b. 检查接触器及其回路。

c. 改变变压器接法，以使其符合所需要的电压。

（3）按起动按钮，接触器工作，但送丝电机不转，或不引弧。

1）故障原因。

a. 焊接回路未接通。

b. 接触器触点接触不良。

c. 送丝电机的供电回路不通。

d. 发电机发不出电来（对 MZ—1000）。

2）处理措施。

a. 检查焊接电源回路。

b. 检查接触器触点。

c. 检查电枢回路。

d. 检查发电机系统的励磁和电枢回路。

（4）按起动按钮后，电弧不引燃，焊丝一直上抽（MZ—1000）。

1）故障原因。

a. 焊接电源线部分有故障，无电弧电压。

b. 接触器的主触点未接触。

c. 电弧电压取样电路未工作。

2）处理措施。

a. 检查电源电路。

b. 检查接触器触点。

c. 检查电弧电压取样电路。

（5）按停止按钮时，焊机不停。

1）故障原因。

a. 中间继电器触点粘连。

b. 停止按钮失灵。

2）处理措施。

a. 修理或更换中间继电器。

b. 修理或更换按钮。

（6）按焊丝"向下""向上"按钮时，焊丝动作不对或者不动作。

1）故障原因。

a. 控制线路有故障，如控制变压器、整流器损坏，按钮接触不良等。

b. 电动机方向接反。

c. 发电机或电动机电刷接触不良。

2）处理措施。

a. 找到故障位置，对症排除。

b. 改接电源线相序。

c. 清洁和修理电刷。

（7）焊丝送进不均匀或正常送丝时电弧熄灭。

1）故障原因。

a. 送丝滚轮磨损。

b. 焊丝在导电嘴中卡死。

2）处理措施。

a. 更换送丝滚轮。

b. 调整导电嘴。

（8）焊接时焊丝通过导电嘴产生火花，焊丝发红。

1）故障原因。

a. 导电嘴安装不良或磨损。

b. 焊丝有油污。

2）处理措施。

a. 重装或修理导电嘴。

b. 清理焊丝，以免其影响机器正常工作。

（9）导电嘴与焊丝一起熔化。

1）故障原因。

a. 电弧太长或者焊丝干伸长太短。

b. 焊接电流太大。

2）处理措施。

调节工艺参数。

（10）焊剂供给不均匀。

1）故障原因。

a. 焊剂斗中焊剂用完。

b. 焊剂斗阀门卡死。

2）处理措施。

a. 添加焊剂。

b. 修理阀门。

（11）焊接过程中机头及导电嘴位置变化不定。

1）故障原因。

a. 焊接小车调整机构有间隙。

b. 导电装置有间隙。

2）处理措施。

a. 更换零件。

b. 对装置重新进行调整。

（12）焊接过程中焊机突然停止行走。

1）故障原因。

a. 离合器脱开。

b. 有异物阻塞。

c. 电缆拉得太紧。

2）处理措施。

a. 关紧离合器。

b. 及时清理阻塞物。

c. 放松电缆。

3. 维护

埋弧焊的维护工作如下。

（1）根据设备说明书进行安装。外界网路电压应与设备要求相一致，外部电器线路安装要符合规定，外接电缆要有足够的容量（按 $5\sim 7mm^2$ 计算）和良好的绝缘，连接部分的螺母要拧紧，带电部分的绝缘情况要经过检查。焊接电源、控制箱、焊机的接地线要可靠。若用直流焊接电源时，要注意电表极性及电动机的转向是否正确。线路接好后，先检查一遍接线是否正确，再通电检查各部分的动作是否正常。

（2）保持焊机的清洁。避免焊机、渣壳的碎末阻塞活动部件，影响焊接工作的正常进行。

（3）经常检查到点嘴与焊丝的接触情况。若接触不好，应进行调整或更换。定期检查送丝滚轮，发现严重磨损时，必须更换。还要定期检查小车，焊丝疏松机构减速箱内各运动部件的润滑情况，并定期添加润滑油。

（4）焊机的搬动应轻拿轻放。注意不要使控制电缆碰伤或压伤，防止电器仪表受震动而损坏。

（5）重视焊接设备的维护工作。要建立和实行必要的保养制度。

3.3　钨极氩弧焊安全

氩弧焊是氩气保护电弧焊。氩弧焊有钨极氩弧焊和熔化极氩弧焊两种。钨极氩弧焊是用钨棒作电极，属不熔化极，但钨棒有烧损。钨极氩弧焊需另加填充焊丝。

钨极氩弧焊主要应用于：焊接铝、钛等化学性质活泼的有色金属和不锈钢等高合金钢；接头性能质量要求高的单面焊的打底焊，如高压管道的打底焊等；焊接薄板，如厚度不大于6mm的焊件，必要时还可采用脉冲钨极氩弧焊。

3.3.1　原理与特点

1. 工作原理

钨极氩弧焊是以氩气作为保护气，以钨极作电极的气体保护焊方法。利用钨极和工件之间建立的电弧熔化母材和填充金属形成焊接熔池，完成焊件之间

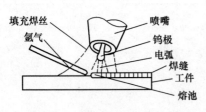

图 3-11　钨极氩弧焊工作原理

的连接。钨极氩弧焊设备包括焊接电源、焊枪，供气和控制系统。钨极采用耐高温的钍钨和铈钨材料制造。引弧采用非接触式引弧，其焊接过程如图 3-11 所示。氩气从焊枪喷嘴进入焊接区域，对电极、电弧、焊接熔池和周围加热区域起保护作用，从而获得优质的焊缝。

2. 特点

（1）优点。钨极氩弧焊的优点主要有。

1）钨极氩弧焊所采用的惰性气体氩气不与任何金属起化学反应，只是填充焊丝和母材在氩气保护下的重熔，因此简化了焊接材料的配制工作，可以用来焊接几乎所有的钢种和合金。

2）氩弧具有良好的稳定性，在 20～30A 电流下电弧仍能稳定燃烧，如果采用脉冲电流，在几个 A 的电流下能保护电弧稳定，故特别适合于薄板件的焊接。

3）与自动钨极氩弧焊相比，设备简单，操作灵活方便，适应性强。

4）氩弧热量集中，熔透能力强，熔池金属因无氧化还原反应，表面张力较大。因此，氩弧焊特别适合于打底焊缝时实现单面焊反面成形。

（2）缺点。钨极氩弧焊主要存在以下缺点。

1）生产率低，焊接电流不能太大，只适于焊接6mm以下薄板。

2）氩气和钨极的价格较贵，成本较高。因此，只有在对焊缝质量要求较高的场合才采用。

钨极氩弧焊有交、直流之分。在锅炉压力容器的制造和压力管道的安装工程中，直流钨极氩弧焊主要用于要求全焊透的低碳钢和低合金钢薄壁管的焊接，厚壁管和接管的封底焊缝以及不锈钢管件和薄板成形件的焊接。交流钨极氩弧焊主要用于铝、镁及其合金的焊接。

3.3.2　工艺参数

1. 焊接电源种类和极性

电源种类和极性可根据焊件材质进行选择，见表3-3。

表3-3　　　　　　　　　氩弧焊电源种类和极性选择

电源种类与极性	被焊金属材料
直流正极性	低合金高强度钢、不锈钢、耐热钢、铜、钛及其合金
直流反极性	适用各种金属的熔化极氩弧焊，钨极氩弧焊很少采用
交流电源	铝、镁及其合金

采用直流正接时，工件接正极，温度较高，适于焊厚工件及散热快的金属。钨极接负极，温度低，可提高许用电流，同时钨极烧损小。

直流反接时，钨极接正极烧损大，所以钨极氩弧焊很少采用。但此时具有"阴极破碎"作用。

采用交流钨极氩弧焊时，在焊件为负，钨极为正的半周波里，阴极有去除氧化膜的破碎作用，即"阴极破碎"作用。在焊接铝、镁及其合金时，其表面有一层致密的高熔点氧化膜，若不及时去除，将会造成未熔合、夹渣、焊缝表面形成皱皮及内部气孔等缺陷。利用钨极在正半波时正离子向熔池表面高速运动，可将金属表面的氧化膜撞碎，避免产生焊接缺陷。所以通常用交流钨极氩弧焊来焊接氧化性强的铝镁及其合金。

2. 焊接电流

焊接电流主要根据焊件材质、厚度、接头形式和焊接位置选择，过大或过小的焊接电流都会使焊接成形不良或产生焊接缺陷。如果已有直径大致合适的钨极，则焊接电流还应该在该直径钨极许用电流范围内选择。焊接电流主要影响焊道厚度。

3. 钨极直径

钨极的直径可根据焊件厚度、焊接电流大小和电源极性进行选择。焊接时，当电流超过允许值时，钨极就会强烈地发热致使熔化和挥发，引起电弧不稳定和焊缝中产生夹钨等缺陷。采用不同电源极性和不同直径钍钨极的许用电流范围，见表3-4。

表3-4　　　　　　　不同电源极性和不同直径钍钨极的许用电流范围

钨极直径（mm） 电流（A） 电源极性	1	1.6	2.4	3.2	4.0	5.0
直径正接	15～80	70～150	140～235	225～325	300～400	400～500
直径反接	—	10～20	15～30	25～40	40～55	55～80
交流	20～60	60～120	100～180	160～250	200～320	290～390

铈钨极与钍钨极相比，其最大允许电流密度可增加5%～8%。

4. 电弧电压

电弧电压由电弧长度决定。弧长增大，电弧电压增高，焊道宽度增大，焊道厚度减小。调整焊接电流和电弧电压的配合，可以控制焊缝形状。电弧电压过高，不易焊透并使氩气保护效果变差。因此，在不短路情况下，应尽量减小电弧长度。钨极氩弧焊的电弧电压一般为10～20V。

5. 氩气流量

随着焊接速度和弧长的增加，气体流量也应增加；喷嘴直径、钨极伸出长度增加时，气体流量也应相应增加。若气体流量过小，则易产生气孔和焊缝被氧化等缺陷，若气体流量过大，则会产生不规则紊流，反而使空气卷入焊接区，降低保护效果。另外还会影响电弧稳定燃烧。可按下式计算氩气流量

$$Q = (0.8 \sim 1.2)D \tag{3-2}$$

式中　Q——氩气流量，L/min；

　　　D——喷嘴直径，mm。

6. 焊接速度

焊接速度的选择主要根据工件厚度决定，并和焊接电流、预热温度等配合以保证获得所需的焊道厚度和宽度。在高速自动焊时，还要考虑焊接速度对气体保护效果的影响。焊接速度加快时，氩气流量要相应加大。焊接速度过大，

保护气流会严重偏后，可能使钨极端部、弧柱、熔池暴露在空气中，从而使保护效果变差。因此，应选择合适的焊接速度。

7. 喷嘴直径

增大喷嘴直径的同时，应增加气体流量，此时保护区大，保护效果好。但喷嘴过大时，不仅使氩气的消耗增加，而且可能使焊炬伸不进去，或妨碍焊工视线，不便于观察操作。因此，常用的喷嘴直径一般取 8～20mm 为宜。

8. 喷嘴至工件表面的距离

喷嘴离焊件越远，则空气越容易沿焊件表面侵入熔池，保护气层也越会受到流动空气的影响而发生摆动，使气体保护效果降低。所以，喷嘴至焊件间的距离应尽可能小些，但距离过小时将导致操作、观察不方便。因此，通常喷嘴至焊件间的距离取 5～15mm。

9. 钨极伸出长度

为了防止电弧热烧坏喷嘴，钨极端部突出喷嘴之外，而钨极端头至喷嘴端面的距离称为钨极伸出长度。钨极伸出长度越小，喷嘴与焊件之间的距离越近，保护效果越好，但过近会妨碍观察熔池。钨极端部要磨光，端部形状随电源变化，交流用圆珠形，直流用锥台形，锥度取决于电流，电流越小，锥度越大。通常焊接对接焊缝时，钨极伸出长度为 3～6mm 较好；焊角焊缝时，钨极伸出长度为 7～8mm 较好。

3.3.3　操作技术

1. 引弧

钨极氩弧焊一般有接触短路引弧和引弧器引弧两种方法。引弧器引弧在焊机中需要有专门的高频高压或高压脉冲装置，没有这些装置进行氩弧焊时，可以采用接触短路引弧。但接触短路引弧容易使已磨成一定形状的钨极烧损，钨极端头成形变坏，使电弧分散甚至飘移，影响焊接，并有可能引起焊缝夹钨。通常是在焊口近侧安放一块导电板（石墨板或与焊件相同的材料），在导电板上引弧后再移至焊口处进行焊接。

（1）接触短路引弧。接触短路引弧是钨极与引弧板或工件接触引燃电弧的方法。按操作方式，又可分为直接接触引弧和间接接触引弧。

1）直接接触引弧法。直接接触引弧法是指钨极末端在引弧板表面瞬间擦过，像划弧似的逐渐离开引弧板，引燃后将电弧带到被焊处焊接，引弧板可采用纯铜或石墨板。引弧板可安放在焊缝上，也可错开放置。

2）间接接触引弧法。间接接触引弧法是指钨极不直接与工件接触，而是将末端离开工件4~5mm，利用填充焊丝在钨极与工件之间，从内向外迅速划擦过去，使钨极通过焊丝与工件间接短路，引燃后将电弧移至施焊处焊接。划擦过程中，如焊丝与钨极接触不到可增大角度，或减小钨极至工件的距离。此法操作简便，应用广泛，不易产生黏接。

（2）引弧器引弧。引弧器引弧包括高频引弧和高压脉冲引弧两种方法。高频引弧是利用高频振荡器产生的高频高压击穿钨极与工件之间的气体间隙而引燃电弧；高压脉冲引弧是在钨极与工件之间加一个高压脉冲，使两极间气体介质电离而引燃电弧。

高频引弧与高压脉冲引弧操作时钨极不与工件接触，应保持3~4mm的距离，通过焊枪上的起动按钮直接引燃电弧。引弧处不能在工件坡口外面的母材上，以免造成弧斑，损伤工件表面，引起腐蚀或裂纹。引弧处应在起焊处前10mm左右，电弧稳定后，移回焊接处进行正常焊接。此种引弧法效果好，钨极端头损耗小，引弧处焊接质量高，不会产生夹钨缺欠。

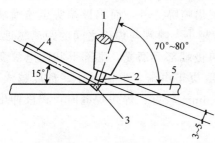

图 3-12　焊丝、焊枪与焊件角度示意图
1—焊枪；2—电极；3—熔池；
4—焊丝；5—焊件

2. 焊接

（1）引弧后预热引弧处，当定位焊缝左端形成熔池，并出现熔孔后开始送丝。焊丝、焊枪与焊件角度如图 3-12 所示。焊接打底层时，采用较小的焊枪倾角和较小的焊接电流。手工焊时喷嘴离工件的距离应尽可能减小，钨极中心线与工件一般保持 80°~85°，填充焊丝以 10°~15°的倾角送到熔池前沿，而不应直接送至熔池中心，要求均匀准确，不可扰乱氩气气流。较细的焊丝可以连续送进，较粗的焊丝则应间歇送进，并有后退动作，但焊丝后退时不能脱离氩气保护区，以免受到高温的焊丝退出保护区时与空气发生氧化反应。

（2）焊接速度和送丝速度过快，都容易导致焊缝下凹或烧穿。所以焊丝送入要均匀，焊枪移动要平稳、速度一致。焊接时，要密切注意焊接熔池的变化，保证背面焊缝成型良好。当熔池增大、焊缝变宽并出现下凹时，说明熔池温度过高，应减小焊枪与焊件夹角，加快焊接速度；当熔池减小时，说明熔池温度过低，应增加焊枪与焊件夹角，减慢焊接速度。

（3）进行填充层焊接时，焊枪可做圆弧"之"字形横向摆动，其幅度应稍大，并在坡口两侧停留，保证坡口两侧熔合好，焊道均匀。从试件右端开始焊接，注意熔池两侧熔合情况，保证焊缝表面平整且稍下凹。盖面层的焊道焊完后应比焊件表面低 1.0~1.5mm，以免坡口边缘熔化导致盖面层产生咬边或焊偏现象，焊完后将焊道表面清理干净。

（4）盖面焊操作与填充层基本相同，但要加大焊枪的摆动幅度，保证熔池两侧超过坡口边缘 0.5～1mm，并按焊缝余高决定填丝速度与焊接速度，尽可能保持速度均匀，熄弧时必须填满弧坑。

（5）焊接时应注意焊缝表面的颜色，以判断氩气的保护效果，对于不锈钢以银白、金黄色最好，颜色变深、变灰黑都不好。

3. 接头

当更换焊丝或暂停焊接时，都需要接头。氩弧焊中打底焊的几种接头处理方法如下。

（1）起焊点。起焊时，给两侧钝边加温熔化，先给一侧熔化的钝边给送焊丝，过渡到另一侧，形成一个搭桥，熔化形成熔池给送焊丝进行焊接，两侧面要熔合成形好。先熔化上钝边加焊丝过渡到下钝边形成搭桥，熔化形成熔池，在熔池前上方给送焊丝前进焊接。起焊的接点，引弧后至起焊点，待熔池形成，两边熔化好，熔池形状和温度正常后开始给送焊丝焊接。

（2）中间接头。在停弧后 10mm 左右引弧前行焊接，待原停弧位置熔池重新形成再给送焊丝焊接。

（3）环焊缝终端接头。当焊至终端接头（收口前）时要将前面的停弧位置（弧坑）前后同时熔化后给少许焊丝，当熔孔收口熔合在一起时，再给焊丝往前带 5～10mm 后收弧。

4. 收弧

当焊至试件末端时，应减小焊枪与试件夹角，使热量集中在焊丝上，加大焊丝熔化量以填满弧坑。切断控制开关，焊接电流将逐渐减小，熔池也随着减小，将焊丝抽离电弧（但不离开氩气保护区）。停弧后，氩气延时约 10s 关闭，从而防止熔池金属在高温下氧化。

焊后清理检查。焊接结束后，关闭焊机，用钢丝刷清理焊缝表面；用肉眼或低倍放大镜，检查焊缝表面是否有气孔、裂纹、咬边等缺陷；用焊缝量尺测量焊缝外观成型尺寸。

3.3.4 安全使用

1. 安全规程

钨极氩弧焊机在使用中具有不安全因素，主要表现为。

（1）气体保护焊由于使用的电流密度大、弧光强烈、应用高压气瓶，因此，存在着触电、弧光灼伤、烫伤、有毒气体及粉尘中毒，甚至火灾、爆炸等危险性。

（2）氩弧焊时产生大量的臭氧及氮氧化物有害于人体健康。磨削钍钨棒时，所产生的粉尘带有放射性，如果进入人体内将造成危害。

（3）在使用高频引弧焊机或装有高频引弧装置进行氩弧焊时，在引弧的极短时间内会在局部工位产生高频电磁场（频率1MHz，电压2500～3000V），其磁场强度超过国家卫生标准2～5倍。长期接触较强的高频电磁场，将造成焊工植物性神经紊乱和神经衰弱。

（4）在气体保护焊操作过程中，如果电焊机接地或绝缘出现故障时，就有可能使焊工造成触电事故。

钨极氩弧焊机在使用过程中需要注意以下安全规程。

（1）电焊机使用前应检查供气、供水系统，不得在漏水漏气的情况下运行。

（2）电焊机应有可靠接地。电焊机内的接触器、继电器等元件，焊枪夹头的夹紧力以及喷嘴的绝缘性能等，应定期检查。

（3）高频引弧焊机或装有高频引弧装置时，焊接电缆都应有铜网编织屏蔽套并可靠接地。

（4）排除施焊中产生的臭氧、氮氧化物等有害物质，应采取局部通风措施或供给焊工新鲜空气。

（5）在移动电焊机时，应取出机内易损电子器件单独搬运。应防止焊枪被磕碰，严禁把焊枪放在工件或地上。焊接作用结束后，禁止立即用手触摸焊枪导电嘴，避免烫伤。

（6）盛装保护气体的高压气瓶应小心轻放、竖立固定、防止倾倒。氩气瓶与热源距离一般应大于5m。

（7）钍钨极应放在铅盒里保存，或放在厚壁钢管中密封。焊工打磨钍钨极，应在专用的有良好通风装置的砂轮上或在抽气式砂轮上进行，并穿戴好个人防护用品。打磨完毕，立即洗净手和脸。

2. 常见故障

钨极氩弧焊机的常见故障及相应处理措施如下。

（1）电源开关接通，指示灯不亮。

1）故障原因。

a. 开关或者指示灯损坏。

b. 熔断器烧断。

2）处理措施。

a. 更换开关或指示灯。

b. 更换熔断器。

（2）焊机不能正常起动。

1）故障原因。

a. 焊枪开关或者是控制系统故障。

b. 起动继电器故障。

2）处理措施。

对有故障部分进行检修。

（3）焊机起动后，无保护气输送。

1）故障原因。

a. 电磁气阀故障或控制线路故障。

b. 气路堵塞。

2）处理措施。

对有故障部分进行检修。

（4）焊机起动后，高频振荡器工作，引不起电弧。

1）故障原因。

a. 焊件接触不良。

b. 网络电压太低。

c. 接地电缆太长。

d. 钨极形状或伸出长度不合适。

2）处理措施。

a. 清理焊件。

b. 提高网络电压。

c. 缩短接地电缆。

d. 调整钨极伸出长度或更换钨极。

（5）焊接电弧不稳。

1）故障原因。

a. 焊接电源故障或消除直流分量线路故障。

b. 脉冲稳弧器不工作。

2）处理措施。

对有故障部分进行检修。

3. 维护

钨极氩弧焊机的维护工作如下。

（1）焊机外壳必须接地，以免造成危险。

（2）注意焊枪冷却水系统的工作情况，以防烧坏焊枪。

（3）注意供气系统的工作情况，发现漏气时应及时解决。

（4）氩气瓶要严格按照高压气瓶的规定使用。

（5）定期检查焊接电源和控制部分继电器、接触器的工作情况，发现触头接触不良时，及时修理或更换。

（6）及时更换烧坏的喷嘴。

（7）保持焊机清洁，定期用干燥压缩空气进行清洁。

（8）工作完毕或离开现场时，必须切断焊接电源，关闭水源及氩气瓶阀门。

3.4 二氧化碳气体保护焊安全

由于二氧化碳气体价格低廉，易于制取，所以焊接成本低，且具有焊缝抗锈能力强、生产率高等优点。在汽车、机车、造船及航空等工业部门，二氧化碳气体保护焊被广泛应用于低碳钢、低合金钢、耐热钢及不锈钢等材料的焊接，而且还用于磨损零件、铸钢件及其他焊件缺陷的补焊。

3.4.1 原理与特点

1. 工作原理

气焊是利用气体火焰作为热源将两个工件的接头部分熔化，并加入填充焊丝形成熔池，熔池凝固后使之成为一体的一种熔化焊方法。

目前在实际生产中可利用的可燃性气体有乙炔、氢气、天然气和液化石油气等。其中因乙炔与氧混合燃烧产生的温度最高（可达 3000℃ 以上），因此应用最为广泛。液化石油气资源丰富，价格较低，安全性高，其应用比例逐渐增大。

气焊所使用的设备比较简单，图 3 - 13 为常用的气焊设备组成示意图。它由氧气瓶、乙炔瓶或液化石油气钢瓶、减压表、气体输送软管及焊炬所组成。

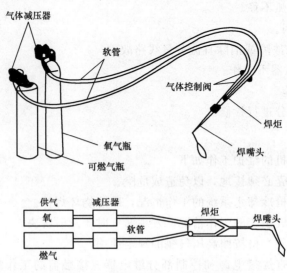

图 3 - 13 常用气焊设备组成示意图

2. 特点

（1）二氧化碳气体的氧化性。二氧化碳气体是氧化性气体，来源广，成本低，焊接时二氧化碳气体被大量分解，分解出来的原子氧具有强烈的氧化性。

常用的脱氧措施是加入铝、钛、硅、锰脱氧剂，其中硅、锰用得最多。

（2）气孔。由于气流的冷却作用，熔池凝固较快，很容易在焊缝中产生气孔。但有利于薄板焊接，焊后变形也小。

气孔有：一氧化碳气孔、氮气孔、氢气孔，其中主要是氮气孔。加强保护是防止氮气孔的重要措施。

（3）抗冷裂性。由于焊接接头含氢量少，所以二氧化碳气体保护焊具有较高的抗冷裂能力。

（4）飞溅。飞溅是二氧化碳气体保护焊的主要缺点。产生飞溅的原因有以下几方面。

1）由二氧化碳气体造成的飞溅。二氧化碳气体分解后具有强烈的氧化性，使碳氧化成二氧化碳气体，二氧化碳气体受热急剧膨胀，造成熔滴爆破，产生大量细粒飞溅。减少这种飞溅的方法可采用脱氧元素多、含碳量低的脱氧焊丝，以减少二氧化碳气体的生成。

2）短路时引起的飞溅。发生短路时，焊丝与熔池间形成液体小桥（细颈部），由于短路电流的强烈加热及电磁收缩力作用，使小桥爆断而产生细颗粒飞溅。在焊接回路中串联合适的电感值，可减少这种飞溅。

3）斑点压力引起的飞溅。用正极性焊接时，熔滴受斑点压力大，飞溅也大。采用反极性可减少飞溅。

3.4.2　工艺参数

1. 电源极性

二氧化碳气体保护焊时，主要是采用直流反极性连接，焊接过程稳定，飞溅小。而正极性焊接时，因为焊丝是阴极，焊件为阳极，在焊丝熔化速度快且电流相同的情况下，熔深较浅，余高较大，飞溅也较多。

2. 焊丝直径

二氧化碳气体保护焊时，电弧是在二氧化碳气体保护下燃烧的，在电弧的高温作用下，二氧化碳气体将吸收热量、发生分解，二氧化碳气体分解时对电弧产生强烈的冷却作用，引起弧柱与弧根收缩，电弧对熔滴产生排斥作用。这一作用就决定了二氧化碳焊时熔滴过渡特点。焊接参数不同，对熔滴过渡也产生不同的影响。

短路过渡是在采用细焊丝、小电流、低电弧电压时出现的。因为电弧很短，焊丝末端的熔滴还未形成大滴时，即与熔池接触形成短路，使电弧熄灭。在短路电流产生的电磁收缩力及熔池表面张力的共同作用下，熔滴迅速脱离焊丝末端过渡到熔池中去。以后，电弧又重新引燃，这样周期性的短路——燃弧交替过程，称为短路过渡。短路过渡采用细焊丝，常用焊丝直径为 $\phi 0.6 \sim \phi 1.2mm$，随着焊丝直径增大，飞溅颗粒也相应增大。

在二氧化碳气体保护焊焊接过程中，对于一定直径的焊丝，当电流增大到一定数值后同时配以较高的电弧压，焊丝的熔化金属即以小颗粒自由飞落进入熔池，这种过渡形式为细颗粒过渡。细颗粒过渡时电弧穿透力强，母材熔深大，适用于中厚板焊接结构。细焊丝用于焊接薄板或打底层焊道。颗粒过渡大都采用较粗的焊丝，常用的是 $\phi 1.6mm$ 和 $\phi 2.0mm$ 两种。

焊丝直径的选择见表 3-5。

表 3-5　　　　　　　　　二氧化碳焊丝直径的选择

焊丝直径/mm	熔滴过渡形式	焊件厚度/mm	焊缝位置
0.5~0.8	短路过渡	1.0~2.5	全位置
	颗粒过渡	2.5~4.0	水平位置
1.0~1.4	短路过渡	2.0~8.0	全位置
	颗粒过渡	2.0~12	水平位置
1.6	短路过渡	3.0~12	水平、立、横、仰
≥1.6	颗粒过渡	>6	水平

3. 焊接电流

焊接电流根据焊丝直径大小与采用何种熔滴过渡形式来确定，见表 3-6。

表 3-6　　　　　　　不同直径焊丝焊接电流的选择范围

焊丝直径/mm	焊接电流/A	
	颗粒过渡（30~45V）	短路过渡（16~22V）
0.8	150~250	60~160
1.2	200~300	100~175
1.6	350~500	100~180
2.4	500~750	150~200

4. 电弧电压

电弧电压应与焊接电流配合选择。随焊接电流增加，电弧电压也相应加大。短路过渡时，电压为 16~24V。颗粒过渡时，电压应为 25~45V。电压过高或过低，都会影响电弧的稳定性和飞溅增加。

5. 焊接速度

焊接速度对焊缝成形、接头性能都有影响。速度过快会引起咬边、未焊透及气孔等缺陷。速度过慢则效率低，输入焊缝的热量过多，接头晶粒粗大，变形大，焊缝成形差。一般半自动焊速度为 $15\sim40\text{m/h}$。

6. 焊丝伸出长度

焊丝伸出长度是指从导电嘴到焊丝端头的距离，以"L_{sn}"表示，可按下式选定

$$L_{sn} = 10d \qquad\qquad (3-3)$$

式中　d——焊丝直径，mm。

如果焊接电流取上限数值，焊丝伸出长度也可适当增大些。

7. 气体流量及纯度

流量过大，会产生不规则紊流，保护效果反而变差。通常焊接电流在 200A 以下时，气体流量选用 $10\sim15\text{L/min}$；焊接电流大于 200A 时，气体流量选用 $15\sim25\text{L/min}$。

二氧化碳气体保护焊的气体纯度不得低于 99.5%。

3.4.3　操作技术

1. 引弧

为消除在引弧时产生飞溅、烧穿、气孔及未焊透等缺陷，宜用引弧板；不采用引弧板而直接在焊件端部引弧时，可在焊缝始端前 20mm 左右处引弧，起弧后立即快速返回起始点，然后开始焊接。

半自动二氧化碳气体保护焊，常采用短路引弧法。引弧前首先将焊丝端头剪去，因为焊丝端头常常有很大的球形，容易产生飞溅，造成缺陷。经剪断的焊丝端头应为锐角。引弧时，注意保持焊接姿势与正式焊接时一样，焊丝端头距工件表面的距离为 $2\sim3\text{mm}$。然后，按下焊枪开关自动送气、送电、送丝，直至焊丝与工件表面相碰而短路起弧。此时，由于焊丝与工件接触而产生两个反弹力，焊工应紧握焊枪，一定要保持喷嘴与工件表面的距离恒定，勿使焊枪因冲击而回升，这是防止引弧时产生缺陷的关键。

2. 运弧

为了减少输入焊缝的线能量，减少热影响区和减少变形，一般不采用横向摆动来获得较宽的焊缝，而是采用多层多道的焊接方法来完成厚板的焊接。

3. 停弧

二氧化碳气体保护焊时，采用的是连续送丝焊接，尽量不要停弧，但由于

某种原因停弧也是难免的，停弧和接头直接影响焊缝质量，要求既没有缩孔又便于接头。停弧方法有两种，采取断续引弧将弧坑填满的同时，焊接速度适当加快，使停弧处形成斜坡，或利用焊机的收弧功能停弧。

4. 接头

在焊接过程中，存在焊缝接头是不可避免的，而接头处的质量又是由操作手法所决定的。通常采用两种接头处理方法。

（1）方法一。当无摆动焊接时，可在弧坑前方约 20mm 处引弧，然后快速将电弧引向弧坑，待熔化金属填满弧坑后，立即将电弧引向前方，进行正常操作，如图 3-14（a）所示。

当采用摆动焊时，在弧坑前方约 20mm 处引弧，然后快速将电弧引向弧坑，到达弧坑中心后开始摆动并向前移动，同时，加大摆动转入正常焊接，如图 3-14（b）所示。

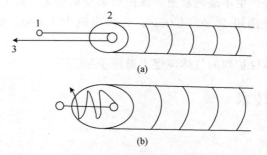

图 3-14　焊接接头处理方法
（a）无摆动焊接时；（b）摆动焊接时
1—引弧点；2—弧坑；3—焊接方向

（2）方法二。首先将接头处用磨光机打磨成斜面，如图 3-15 所示。然后在斜面顶部引弧，引燃电弧后，将电弧斜移至斜面底部，转一圈后返回引弧处再继续向左焊接，如图 3-16 所示。

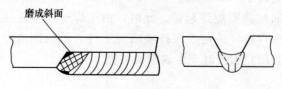

磨成斜面

图 3-15　接头前的处理

5. 收弧

焊接结束前必须收弧，若收弧不当则容易产生弧坑、弧坑裂纹和气孔等缺陷。

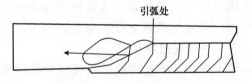

图 3-16 接头处的引弧操作

对于要求很高的重要产品，如板材的对接、简体的直缝，可采用引弧板和引出板进行焊接，将焊缝的始点和终点都引至焊件之外，省去焊缝两个端头的处理工作。如果焊接设备有停弧和收弧的衰减装置，在焊接结束收弧时，按动焊枪开关，焊接电流和电弧电压会自动减小到适当的数值，将弧坑填满。

如果焊接设备没有衰减装置，一般采用反复引弧、断弧填满弧坑的同时，适当加快焊接速度的方法，使停弧处形成斜坡，避免收弧处焊肉太高，如图3-17所示。

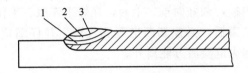

图 3-17 断续引弧法填充弧坑示意图

1，2，3—三次引弧填充弧坑

断续引弧的动作要快，待熔池金属凝固的同时就起弧，否则会产生缩孔等缺陷。

收弧时，即使弧坑已经填满，电弧已熄灭的情况下，焊枪也要在收弧处停留几秒钟方可离开，保证熔池金属凝固时得到可靠的保护。

3.4.4 安全使用

1. 安全规程

二氧化碳气体保护焊在使用过程中需要注意以下安全规程。

（1）保证工作环境有良好的通风。由于二氧化碳气体保护焊是以二氧化碳作为保护气体，在高温下有大量的二氧化碳气体将发生分解生成一氧化碳，并产生大量的烟尘。一氧化碳极易和人体血液中的血红蛋白结合，造成人体缺氧。当空气中只有很少量的一氧化碳时，会使人感到身体不适、头痛，而当一氧化碳的含量超过一定范围会造成人呼吸困难、昏迷等，严重时甚至引起死亡。这就要求焊接工作环境应有良好的通风条件，在不能进行通风的局部空间施焊时，应佩戴能供给新鲜氧气的面具及氧气瓶。

（2）注意选用容量恰当的电源、电源开关、熔断器及辅助设备，以满足高负载率持续工作的要求。由于二氧化碳气体保护焊比普通埋弧电弧焊的弧光更强，紫外线辐射更强烈，应选用颜色更深的滤光片。用二氧化碳气体电热预热器时，电压应低于36V，外壳要可靠接地。

（3）当焊丝送入导电嘴后，不允许将手指放在焊枪的末端来检查焊丝送出情况；也不允许将焊枪放在耳边来试探保护气体的流动情况。

（4）使用水冷系统的焊枪，应防止绝缘破坏而发生触电。

（5）由于二氧化碳是以高压液态盛装在气瓶中，要防止二氧化碳气瓶直接受热，气瓶不能靠近热源，也要防止剧烈振动。

（6）采用必要的防触电措施与良好的隔离防护装置和自动断电装置；焊接设备必须保护接地或接零并经常进行检查和维修。

（7）采用必要的防火措施。由于金属飞溅引起火灾的危险性比其他焊接方法大，要求在焊接作业的周围采取可靠的隔离、遮蔽或防止火花飞溅的措施；焊工应有完善的劳动防护用具，防止人体灼伤。

（8）加强个人防护，戴好面罩、手套，穿好工作服、工作鞋。

（9）焊接工作结束后，必须切断电源和气源，并仔细检查工作场所周围及防护设施，确认无起火危险后方能离开。

2. 常见故障

（1）焊接电弧不稳定。

1）故障原因。

a. 电网电压波动。

b. 送丝不稳定，主要原因有：送丝滚轮V形槽口磨损或与焊丝直径不匹配；送丝轮压力不够；送丝软管堵塞或接头处有硬弯；导电嘴孔径太大或太小；送丝软管弯曲半径小于400mm。

c. 三相电源的相间电压不平衡。

d. 焊接参数未调好。

e. 连接处接触不良。

f. 二次侧极性接反。

g. 电抗器抽头位置选用不当。

h. 焊工操作或规范选用不当。

2）处理措施。

a. 加大供电电源变压器容量，不与其他大功率用电装置共用同一电网线路（如大功率电阻焊机等）。

b. 使送丝稳定：更换与焊丝直径相匹配的送丝轮；调整压力；清理送丝软管中的尘埃、铁粉等，消除硬弯；更换合适孔径的导电嘴；展开送丝软管。

c. 检查熔断器和整流元件是否损坏，并修理或更换零件。

d. 重新选择焊接参数。

e. 检查各导电连接处是否松动，以保持接触良好。

f. 更正错误的接线。

g. 重新选用合适的电抗器抽头档。

h. 按正确操作方式施焊，重新选用焊接参数。

（2）空载电压过低。

1）故障原因。

a. 电网电压过低。

b. 三相电源缺相运行（如熔断器烧断、整流元件损坏或接触器某相触点接触不良等）。

2）处理措施。

a. 加大供电电源变压器容量，尽量避免白天用电高峰时焊接。

b. 进行检修或更换相关零件。

（3）电压调节失控。

1）故障原因。

a. 焊接主电路断线或接触不良。

b. 变压器抽头切换开关损坏。

c. 整流元件损坏。

d. 继电器线圈或触点烧坏。

e. 移相和触发电路故障。

f. 自饱和磁放大器故障。

2）处理措施。

a. 检查焊接电路，接通断开处，拧紧螺钉。

b. 更换新开关。

c. 更换整流元件。

d. 更换继电器。

e. 修理或更换损坏的元器件。

f. 逐级检查，排除故障。

（4）焊接电压过低且电源有异常声音。

1）故障原因。

a. 硅整流元件击穿短路。

b. 三相主变压器短路。

2）处理措施。

a. 更换硅整流元件。

b. 修复短路处。

（5）产生气孔或凹坑。

1）故障原因。

a. 工件表面不清洁。

b. 焊丝上粘有油污或生锈。

c. 二氧化碳（或氩）气体流量太小。

d. 风吹焊接区，气体保护恶化。

e. 喷嘴上粘有飞溅物，保护气流不畅。

f. 二氧化碳气体质量太差。

g. 喷嘴与焊接处距离太远。

2）处理措施。

a. 清理工件上的油、污、锈、涂料等。

b. 加强焊丝的保管与使用，清除焊丝、送丝轮和软管中的油污。

c. 检查气瓶气压是否太低，接头处是否漏气、气体调节配比是否合适。

d. 在野外或有风处施焊，并采取相应的保护措施。

e. 清除喷嘴上的飞溅物，并涂抹硅油。

f. 采用高纯度二氧化碳气体。

g. 保持合适的焊丝干伸长进行焊接。

（6）送丝电动机不运转。

1）故障原因。

a. 送丝滚轮打滑。

b. 焊丝与导电嘴熔结在一起。

c. 送丝轮与导向管间焊丝发生卷曲。

d. 控制电路或送丝电路的熔断器的熔丝烧断。

e. 控制电缆插头接触不良。

f. 焊枪开关接触不良或控制电路断开。

g. 控制继电器线圈或触头烧坏。

h. 调整电路故障，如电路板插座接触不良、电路中元器件损坏、有虚焊或断线现象或控制变压器烧坏。

2）处理措施。

a. 调整送丝轮压力。

b. 重新更换导电嘴。

c. 剪除该段焊丝后，重新装焊丝。

d. 更换熔丝。

e. 检查插头后拧紧，如损坏则更换。

f. 更换开关，修复断开处。

g. 更换控制继电器。

h. 排除调整电路故障。

（7）焊丝回烧（焊丝与导电嘴末端焊住）。

1）故障原因。

a. 焊接规范不合适。

b. 导电嘴导电不良。

c. 焊接回路电阻太大。

d. 焊工操作不当。

e. 导电嘴与工件间的距离太近。

2）处理措施。

a. 降低电弧电压，降低送丝速度。

b. 更换导电不良的导电嘴。

c. 加大电缆截面，缩短电缆长度，检查各连接处，保证导电良好。

d. 改变焊接角度，增加焊丝干伸长。

e. 适当拉开两者间的距离。

（8）焊枪（喷嘴）过热。

1）故障原因。

a. 冷却水压不足或管道不畅。

b. 焊接电流过大，超过焊枪许用负载持续率。

2）处理措施。

a. 设法提高水压，清理疏通管路，消除漏水处。

b. 选用与实际焊接电流相适应的焊枪。

（9）二氧化碳保护气体不流出或无法关断。

1）故障原因。

a. 电磁气阀失灵。

b. 气路堵塞，如减压表冻结、水管折弯或飞溅物阻塞喷嘴。

c. 气路严重漏气。

d. 气瓶压力太低。

2）处理措施。

a. 先检查气阀控制线路或更换电磁气阀。

b. 接通预热器，理顺水管，清除阻塞物并涂抹硅油，使气路通畅。

c. 更换破损气管，排除漏气原因。

d. 换上压力足够的新气瓶。

（10）引弧困难。

1）故障原因。

a. 焊接电路电阻太大，如电缆截面太小或电缆过长、焊接电路中各连接处接触不良。

b. 焊接参数不合适。

c. 工件表面太脏。

d. 焊工操作不当。

2）处理措施。

a. 加大电缆截面或减少接头或缩短电缆长度检查各连接处使之接触良好，以降低焊接电路电阻。

b. 加大电弧电压，降低送丝速度。

c. 清除工件表面油污、漆膜和锈迹。

d. 调节焊丝干伸长，改变焊枪角度，降低焊接速度。

3. 维护

二氧化碳气体保护焊的维护工作如下。

（1）经常检查电源和控制部分的接触器及继电器触点的工作情况，发现烧损或接触不良的接触器应及时修理或更换。

（2）经常检查导电嘴与导电杆之间的绝缘情况，防止喷嘴带电，并及时清除附着的飞溅金属。

（3）经常检查导电嘴磨损情况，及时更换磨损大的导电嘴，以免影响焊丝导向及焊接电流的稳定性，发现导电嘴孔径严重磨损时应及时更换。

（4）经常检查送丝软管工作情况，及时清理管内污垢，以防被污垢堵塞。

（5）经常检查送丝电动机和小车电动机的工作状态，发现电刷磨损、接触不良时要及时修理或更换。

（6）经常检查送丝滚轮的压紧情况和磨损程度，定期检查送丝机构、减速箱的润滑情况，及时添加或更换新的润滑油。

（7）经常检查供气系统工作情况，防止漏气、焊枪分流环堵塞、预热器以及干燥器工作不正常等问题，保证气流均匀畅通。

（8）当焊机出现故障时，不要随便拨弄电器元件，应停机停电，检查修理。

（9）定期用干燥压缩空气清洁焊机。当焊机较长时间不用时，应将焊丝自软管中退出，以免日久生锈。

（10）工作完毕或因故离开，要关闭气路，切断电源。

压焊安全

压焊是焊接方法中熔焊、钎焊和压焊三大类中的一类。《焊接术语》（GB/T 3375—1994）对压焊所作的定义是：焊接过程中，必须对焊件施加压力（加热或不加热）以完成焊接的方法叫压焊。压焊主要有热压焊、锻焊、扩散焊、气压焊、冷压焊、摩擦焊、爆炸焊、超声波焊、电阻焊等，其中应用最广泛的是电阻焊。

4.1 电阻焊安全

4.1.1 原理、特点、分类

1. 工作原理

电阻焊是工件组合后通过电极施加压力，利用电流通过接头的接触面及邻近区域产生的电阻热进行焊接的方法。由此可见，电阻焊的本质是既加热又加压，是利用电阻热也就是内部热源来进行加热的。

根据焦耳定律，电阻热 Q 为

$$Q = 0.24I^2Rt \tag{4-1}$$

式中　Q——电阻热，J；

　　　I——焊接电流，A；

　　　R——两电极间（即焊接区）的总电阻，Ω；

　　　t——通电时间，s。

焊接区的总电阻主要由接触电阻和焊件导电部分的电阻两部分组成。

（1）接触电阻。当两个焊件互相压紧时，不可能沿整个平面相接触，而只是在个别凸出点上相接触，如图 4-1 所示。如果在两个焊件间通上电流，则电流只能沿这些实际接触点通过，这样使电流通过的截面积显著减少，从而形成了接触电阻。

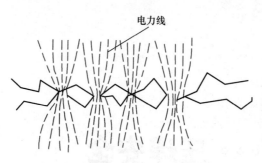

图 4-1 电流通过焊件间接触点的情况

接触电阻的大小与电极压力、材料性质、焊件的表面状况及温度有关。任何能够增大实际接触面积的因素，都会减小接触电阻。对同种材料而言，加大电极压力，即会增加实际接触面积，减小接触电阻。在同样压力下，材料越软，实际接触面积越大，接触电阻也越小。

增加温度，等于降低材料的硬度，也就是材料变软，实际接触面加大，所以接触电阻也会下降。当焊件表面存在氧化膜和其他污物时，则会显著增加接触电阻。

同样，在焊件与电极之间也会产生接触电阻，这对电阻焊过程是不利的。所以焊件和电极表面在焊前必须仔细清理，尽可能地减少它们之间的接触电阻。

（2）焊件导电部分的电阻。焊件是导体，其本身具有电阻，电阻按下式确定

$$R_{件} = \rho \frac{L}{F} \qquad (4-2)$$

式中　$R_{件}$——焊件导体电阻，Ω；

　　　ρ——焊件金属电阻率，$\Omega \cdot cm$；

　　　L——焊件导电部分长度，cm；

　　　F——焊件导电部分截面积，cm^2。

由式（4-2）可知，焊件导电部分的电阻 $R_{件}$ 与被焊材料的电阻率关系很大，电阻率低的金属（如铜、铝及其合金等）$R_{件}$ 小，应选用较大功率的焊机焊接；相反，电阻率大的金属（如不锈钢等）$R_{件}$ 大，所以可在较小功率的焊机上焊接。

2. 特点

（1）优点。与其他焊接方法相比，电阻焊具有以下优点。

1）接头质量好。电阻焊是内部热源，不加填充金属，加热时间短，所以冶金过程简单，热影响区小，变形小，易获得质量较好的焊接接头，同时表面光滑美观。

2）成本低。不需要填充金属，消耗的材料少，不需要保护，接头重量轻，

结构简单。

3）生产效率高。焊一个焊点只需要几秒到几百秒时间，而且机械化、自动化程度高，可提高生产率。

4）无烟、无光、无粉尘，劳动条件好。

（2）缺点。电阻焊存在的主要缺点是。

1）目前尚缺少简单而可靠的无损检验方法。

2）设备较复杂，功率大，投资较多，维修困难。

3）焊件的尺寸、形状、厚度受到设备限制，主要应用于薄板和小直径的工件。

3. 分类

电阻焊按工艺方法分类，可分为点焊、缝焊及对焊等。点焊、缝焊一般都是搭接接头，对焊是对接接头。

（1）点焊。点焊只在工件有限的接触面上，即所谓点上被焊接起来，并形成扁球形的熔核。点焊时，将焊件搭接装配后，压紧在两圆柱形电极间，并通以很大的电流，如图4-2所示。利用两焊件接触电阻较大，产生大量热量，迅速将焊件接触处加热到熔化状态，形成似透镜状的液态熔池（焊核），当液态金属达到一定数量后断电，在压力的作用下，冷却、凝固形成焊点。

点焊时，按对工件供电的方向，可分为单面点焊和双面点焊。按一次形成的焊点数，点焊又可分为单点、双点和多点点焊。

点焊在建筑企业主要用于钢筋交叉点的焊接，在其他工业企业用于带蒙皮的骨架结构（如汽车驾驶室，客车厢体，飞机翼尖、翼肋等）、钢丝网等的焊接。

（2）缝焊。缝焊类似点焊，焊件在两个旋转的滚轮电极间通过，把一个个焊点相互重叠起来，形成类似连续点焊的、有气密要求的焊缝，如图4-3所示。

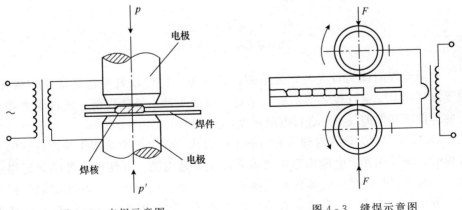

图4-2 点焊示意图   图4-3 缝焊示意图

按照缝焊接熔核重叠程度不同，可以分为以下两种形式。

1）连续缝焊。将焊件装配成搭接接头并置于两滚轮电极之间，滚轮加压工件并转动，焊件在两滚轮间连续移动。焊接电流连续接通进行焊接的缝焊法，叫连续缝焊。由于两滚轮始终通过很大的电流，所以滚轮和焊件发热严重，滚轮容易损耗，焊缝容易过热而产生大的压痕。

2）步进缝焊。将焊件装配成搭接接头并置于两滚轮电极之间，滚轮电极连续加压，间歇滚动，当滚轮停止滚动时通电，滚动时断电，这种交替进行的缝焊法，称为步进缝焊。由于焊接电流间断地接通，滚轮和焊件有冷却的机会，所以滚轮损耗小，焊缝也不易过热。步进缝焊在缝焊中应用最广。

（3）对焊。对焊是将两焊件的端面相接触，经加热加压沿整个接触面被焊接起来。对焊是电阻焊的另一大类，在建筑业用于钢筋焊接，在造船、汽车及一般机械工业中占有重要位置，如船用锚链、汽车曲轴、飞机上操纵用拉杆均有应用。

对焊件均为对接接头，按加压和通电方式分为电阻对焊和闪光对焊。

1）电阻对焊。电阻对焊时，将焊件置于钳口（电极）中夹紧，并使两端面压紧，然后通电加热，当零件端面及附近金属加热到一定温度（塑性状态）时，突然增大压力进行顶锻，使两个零件在固态下形成牢固的对接接头，如图 4-4 所示。

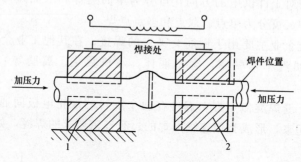

图 4-4 电阻对焊原理图
1—固定电极；2—移动电极

电阻对焊的接头较光滑，无毛刺，在管道、拉杆以及小链环焊接中采用。由于对接面易受空气侵袭而形成夹杂物，使接头冲击性能降低，所以受力要求高的焊件应在保护气氛中进行电阻对焊。

2）闪光对焊。闪光对焊是对焊的主要形式，在生产中应用十分广泛。闪光对焊时，将焊件置于电极钳口中夹紧后，先接通电源，并使两工件端面轻微接触，电流通过时，触点的部分金属很快熔化，并有火花从焊件端面间隙喷射出来。重复上述过程，直至端面有熔化层，并在一定深度上使金属达到塑性变形温度，突然加压进行顶锻，并切断电流。这时熔化金属全部被挤出，焊接区产生塑性变形而形成牢固接头，如图 4-5 所示。从闪光对焊的过程可以看出，闪光对焊由预热、闪光和顶锻三个过程组成。

闪光具有加热焊件、烧掉焊件端面上的脏物及不平处、保护端面不被氧化的作用。在闪光后期，焊件端面上可保持一层液体金属层，为顶锻时排除氧化物和污染了的金属造成有利条件。所以，用这种方法所焊得的接头因加热区窄，

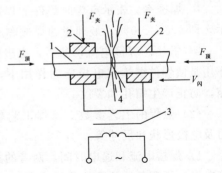

图 4-5　闪光对焊原理图
1—焊件；2—夹头；3—电源变压器；
4—火花

端面加热均匀，接头质量较高，生产率也高，故常用于重要的受力对接件，如钢筋、涡轮轴等。

4.1.2　焊接工艺

1. 点焊的工艺

（1）点焊的工艺过程。点焊时，每个焊点的形成过程可以分为三个阶段：预加压力、通电加热和锻压。如图 4-6 所示。

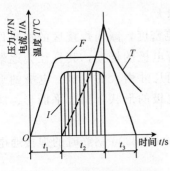

图 4-6　点焊过程示意图
t_1—预压时间；t_2—通电时间；
t_3—锻压时间

1）预加压力。预加压力的作用是使焊件在焊接处紧密接触，因为接触电阻的大小与压力有关。压力增加，接触电阻减少；如果压力不足，则接触电阻过大，有可能导致烧穿焊件或将电极的工作表面烧坏。为此，在焊接电流接通之前，电极压力应该达到一定值，使焊件与焊件间保持一定的接触电阻。

2）通电加热。焊件通电后两电极接触表面之间的金属圆柱内电流密度最大，依靠接触电阻和焊件内部电阻产生的电阻热，使焊件接触处被加热到熔化状态，形成熔核。

为了保证焊点的强度，焊点必须具有一定的熔核直径和焊透率。

a. 熔核直径 d_1 应随焊件厚度增加而增加，熔核直径 d_1 可用下式近似确定

$$d_1 = 2\delta + 3 \tag{4-3}$$

式中　d_1——熔核直径，mm；

　　　δ——两焊件中较薄焊件的厚度，mm。

b. 焊透率。表示点焊时焊件的焊透程度，以熔深 h 与板厚 δ 的百分比来表示，即 $h/\delta\times100\%$，最理想的焊透率是 $50\%\sim70\%$。

3）锻压。焊接电流切断后，电极继续对焊点进行挤压，叫作锻压。锻压的作用是使焊件继续在电极压力作用下，产生挤压变形，以弥补金属冷却时的收缩，防止产生缩孔和裂纹。

（2）点焊的工艺参数。点焊工艺参数主要有焊接电流、通电时间、电极压力及电极形状和尺寸等。

1）焊接电流和通电时间。两者的关系可以是在较短的时间内通过较大的焊接电流，这两者的关系称为硬参数，而在较长的时间内通以较小的焊接电流称为软参数。采用硬参数具有生产率高、焊点压痕深度浅、电极寿命长、焊件变形小以及能焊接导电性和导热性好的金属等优点。而采用软参数焊接时，由于加热时间长，因此在焊机功率不足或焊件焊后容易产生脆性淬火组织的金属时，应采用软参数。

2）电极压力。电极压力过小，会因接触电阻过大，增加电极烧损而缩短其使用寿命，而且易产生缩孔。电极压力过大，会因接触电阻和电流密度过小，导致对焊件加热不足，焊点的熔核直径减小，焊点强度下降。因此电极压力的选择应考虑下列因素。

a. 焊件材料的性质。材料的高温强度越高、所需的电极压力越大。例如，焊接不锈钢和耐热钢时，应选用较大的电极压力。

b. 焊接工艺参数。焊接参数越硬，电极压力越大。

c. 电极尺寸和形状。增大电极直径会降低电流密度，减弱焊接区的加热作用，使熔核尺寸变小，从而降低焊点的强度。随着电极的烧损，其直径会逐渐变大，因此，在点焊过程中，应及时修整因磨损而尺寸增大的电极。电极的形状不仅影响散热，而且还影响焊点的表面质量。电极的形状有圆柱平面形、圆锥平面形和球面形三种。

表 4-1 和表 4-2 为采用 DN3-75 型点焊机焊接 HPB300 钢筋时的焊接通电时间和电极压力。

表 4-1　　　　　　　　　　**焊接通电时间**　　　　　　　　　　单位：s

变压器级数	较小钢筋直径/mm						
	4	5	6	8	10	12	14
1	0.10	0.12	—	—	—	—	—
2	0.08	0.07	—	—	—	—	—
3	—	—	0.22	0.70	1.50	—	—
4	—	—	0.20	0.60	1.25	2.50	4.00

续表

变压器级数	较小钢筋直径/mm						
	4	5	6	8	10	12	14
5	—	—	—	0.50	1.00	2.00	3.50
6	—	—	—	0.40	0.75	1.50	3.00
7					0.50	1.20	2.50

注　点焊 HRB335、HRB400 或 CRB550 时，焊接通电时间可延长 20%～25%。

表 4-2　　　　　　　　　　　电极压力　　　　　　　　　　单位：N

较小钢筋直径/mm	HPB300	HRB335　HRBF335 HRB400　HRBF400 HRB500　HRBF500 CRB550　CDW550
4	980～1470	1470～1960
5	1470～1960	1960～2450
6	1960～2450	2450～2940
8	2450～2940	2940～3430
10	2940～3920	3430～3920
12	3430～4410	4410～4900
14	3920～4900	4900～5880

2. 缝焊的工艺

　　缝焊的工艺参数主要有焊接电流、电极压力、焊点间距、焊接时间和休止时间、焊接速度、滚轮工作表面形状和尺寸以及滚轮压力等。

　　（1）焊接电流。焊接电流的大小决定了熔核的焊透率和重叠量。当电流超过某一定值时，继续增大电流时会产生压痕过深和焊缝烧穿的缺陷。由于缝焊时熔核互相重叠而引起较大分流，因此，焊接电流比点焊时应增大 15%～40%。

　　（2）电极压力。缝焊时，电极压力对熔核尺寸的影响同点焊一致。电极压力增加，焊接质量稳定性提高，但压力过高会使压痕过深，同时会加速滚轮的变形和损耗。压力不足会产生缩孔，并会因接触电阻过大易使滚轮烧损而缩短其使用寿命。

　　（3）焊点间距。要求气密性的缝焊接头，各焊点之间必须有一定的重叠，因此焊点间距应比焊点直径小 30%～50%。

　　（4）焊接时间和休止时间。缝焊过程主要通过焊接时间控制熔核尺寸，通过休止时间控制重叠量。在较低的焊接速度时，焊接时间和休止时间之比为

1.25：1～2：1，较为适宜；当焊接速度增加时，焊点间距增加，此时要获得重叠量相同的焊缝，就需加大此比例，以 3：1 或更高为宜。

（5）焊接速度。焊接速度直接影响滚轮与板件的接触面积，以及滚轮与加热部位的接触时间，因而影响了接头的加热和散热。当焊接速度加快时，为了获得足够的热量，必须增大焊接电流，结果会引起板件表面烧损和电极黏附。焊接速度通常为 0.2～1m/min。

（6）滚轮工作表面形状和尺寸。缝焊钢焊件时，通常采用平面滚轮，常用滚轮的宽度为 3～12mm。缝焊铝合金时，常采用球形滚轮。其球面半径为 25～100mm，滚轮宽度和球面半径大小应根据焊件厚度确定。

（7）滚轮压力。随着滚轮压力的增加，焊接质量的稳定性也随之提高。但是滚轮压力的大小直接影响滚轮的寿命，因此最大许可压力必须根据滚轮的形状、尺寸、冷却方式及其制造材料来确定。

3. 对焊的工艺

（1）电阻对焊工艺参数。电阻对焊工艺参数主要有焊接电流、焊接时间、焊接压力、顶锻压力和伸出长度等。

1）焊接电流和焊接时间。两者可以在一定范围内相应地调配，可以采用大电流、短时间（强条件）；也可采用小电流、长时间（弱条件）。但条件过强时容易产生未焊透缺陷；过弱时，会使接口端面严重氧化，接头区晶粒粗大，影响接头强度。

2）焊接压力与顶锻压力。对接头处的产热和塑性变形都有影响，减小焊接压力有利于产热，但不利于塑性变形，因此宜采用较小的焊接压力和较大的顶锻压力。但焊接压力也不宜太小，否则会引起飞溅、增加端面氧化，并在接口附近造成疏松。

3）伸出长度。选择工件伸出夹钳电极端面的长度时，要考虑顶锻时工件的稳定性和向夹钳的散热。伸出过长，则顶锻时工件会失稳旁弯；过短则向钳口的散热增强，使工件冷却过快，会增加塑性变形的困难。对于直径为 d 的工件，一般低碳钢的伸出长度 $L_0 = (0.5 \sim 1)d$；铝和黄铜的伸出长度 $L_0 = (1 \sim 2)d$，铜的伸出长度 $L_0 = (1.5 \sim 2.5)d$。

（2）闪光对焊的工艺。

1）闪光对焊的工艺方法。根据所用对焊机功率大小及钢筋品种、直径不同，闪光对焊又分连续闪光焊、预热闪光焊、闪光—预热—闪光焊等不同工艺。钢筋直径较小时，可采用连续闪光焊；钢筋直径较大，端面较平整时，宜采用预热闪光焊；直径较大，且端面不够平整时，宜采用闪光—预热—闪光焊，RRB400 级钢筋必须采用预热闪光焊或闪光—预热—闪光焊，对 RRB400 钢筋中焊接性较差的钢筋还应采取焊后通电热处理的方法以改善接头焊接质量。

a. 连续闪光焊。采用连续闪光焊时，先闭合电源，然后使两钢筋端面轻微接触，形成闪光。闪光一旦开始，应徐徐移动钢筋，形成连续闪光过程。待钢筋烧化到规定的长度后，以适当的压力迅速进行顶锻，使两根钢筋焊牢。连续闪光对焊工艺过程如图4-7（a）所示。

连续闪光焊所能焊接的最大钢筋直径，应随着焊机容量的降低和钢筋级别的提高而减小，如表4-3所示。

表4-3　　　　　　　　　　连续闪光焊钢筋上限直径

焊机容量/kVA	钢筋牌号	钢筋直径/mm
160 （150）	HPB300	22
	HRB335　HRBF335	22
	HRB400　HRBF400	20
100	HPB300	20
	HRB335　HRBF335	20
	HRB400　HRBF400	18
80 （75）	HPB300	16
	HRB335　HRBF335	14
	HRB400　HRBF400	12

b. 预热闪光焊。预热闪光焊是在连续闪光焊前增加一次预热过程，以达到均匀加热的目的。采用这种焊接工艺时，先闭合电源，然后使两钢筋端面交替地接触和分开，这时钢筋端面的间隙中即发出断续的闪光，而形成预热过程。当钢筋烧化到规定的预热留量后，随即进行连续闪光和顶锻，使钢筋焊牢。预热闪光焊工艺过程如图4-7（b）所示。

c. 闪光—预热—闪光焊。闪光—预热—闪光焊是在预热闪光焊前加一次闪光过程，目的是使不平整的钢筋端面烧化平整，使预热均匀。这种焊接工艺的焊接过程是首先连续闪光，使钢筋端部闪平，然后断续闪光，进行预热，接着连续闪光，最后进行顶锻，以完成整个焊接过程。闪光—预热—闪光焊工艺过程如图4-7（c）所示。

2）闪光对焊的工艺参数。闪光对焊的主要焊接工艺参数有焊件伸出长度、焊接电流密度、闪光留量、闪光速度、顶锻压力、顶锻留量、顶锻速度等。

a. 焊件伸出长度。焊件的伸出长度直接影响加热条件和塑性变形，伸出长度过短，向电极散热增加，使加热区变窄，不利于塑性变形，所需顶锻压力较大。伸出长度过长，加热区变宽，电能消耗大，对于薄壁管或细棒还容易引起接头弯曲。通常低碳钢棒材和厚壁管合适的伸出长度为

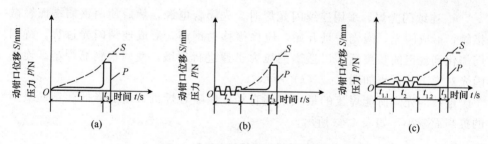

图 4 - 7　钢筋闪光对焊工艺过程

(a) 连续闪光焊；(b) 预热闪光焊；(c) 闪光—预热—闪光焊

t_1—烧化时间；$t_{1.1}$—一次烧化时间；$t_{1.2}$—二次烧化时间；t_2—预热时间；t_3—顶锻时间

$$L = (0.7 - 1.0)d \qquad (4 - 4)$$

式中　d——圆棒直径或方棒边长；

　　L——焊件伸出长度。

对于导电性和导热性较差的材料，系数应取较小值。

b. 焊接电流密度。闪光对焊的焊接电流密度通常为 $3\sim5\,\mathrm{A/mm^2}$（预热闪光焊）或 $10\sim50\,\mathrm{A/mm^2}$（连续闪光对焊）。

焊接大截面零件时取低值，焊接导热性好的材料时取高值。在实际生产中很难测定电流密度，因此，我们常用焊机二次空载电压来确定焊接工艺参数，二次空载电压越高，则电流密度越大，通常 $U_{20}=4\sim18\mathrm{V}$。

c. 闪光留量。选择闪光留量时应满足在闪光结束时整个工件端面有一熔化金属层，同时在一定深度上达到塑性变形温度。闪光留量可根据材料性能和闪光时间进行选择，通常闪光留量占总留量的 $70\%\sim80\%$，而预热闪光对焊的闪光留量可以比连续闪光对焊小 $30\%\sim50\%$。

d. 闪光速度。足够大的闪光速度才能保证闪光的强烈和稳定，但速度太大会使加热区过窄，增加塑性变形的困难。闪光速度与焊件材料、是否有预热和电流密度等因素有关。当焊接易氧化的材料时，应选大的闪光速度；有预热时可提高闪光速度；电流密度大时可加快闪光速度。闪光速度在闪光过程中一般不是常数，开始时，由于焊件没有预热不易形成闪光，因此开始闪光速度很小，有利于焊件的加热。到闪光后期，为了防止产生氧化物，在即将进入顶锻前应采用较高的闪光速度。钢的平均闪光速度为 $1\sim3\,\mathrm{mm/s}$。

e. 顶锻留量。影响液体金属和氧化物的排除及塑性变形的大小。顶锻留量太小，液体金属残留在接口处，易形成缩孔、疏松和裂纹等缺陷；顶锻留量太大，接头变形量大，也会使力学性能下降。

f. 顶锻速度。为了防止对接处严重氧化及接口间隙中液体金属冷却而造成氧化物难以排除，顶锻速度越快越好。钢件最低的顶锻速度为 $15\sim40\,\mathrm{mm/s}$。

g. 顶锻压力。通常以单位面积的压力，即顶锻压强来表示。顶锻压力的大小应以使液体金属全部挤出，并使焊件接口处产生适当的塑性变形为宜。其大小与焊件材料的高温性能、顶锻留量和高温区的大小有关。高温强度越高，高温区越小，顶锻力应越大。焊接导热性好的金属（铜、铝合金）时，需要大的顶锻压力（150～400MPa）。

h. 变压器级数。变压器级数应根据钢筋牌号、直径、焊机容量以及焊接的工艺方法等具体情况选择。

若变压器级数太低，则次级电压就低，焊接电流小，就会使闪光困难，加热不足，更不能利用闪光保护焊口免受氧化；反之，如果变压器级数太高，闪光过强，也会使大量热量被金属微粒带走，钢筋端部温度升不上去。

3）焊后通电热处理。RRB400钢筋中焊接性差的钢筋对氧化、淬火及过热较敏感，易产生氧化缺陷和脆性组织。为改善焊接质量，可采用焊后通过电热处理的方法对焊接接头进行一次退火或高温回火处理，以达到消除热影响区产生的脆性组织，改善塑性的目的。通电热处理应待接头稍冷却后进行，过早会使加热不均匀，近焊缝区容易遭受过热。热处理温度与焊接温度有关，焊接温度较低者宜采用较低的热处理温度，反之宜采用较高的热处理温度。

热处理时采用脉冲通电，其频率主要与钢筋直径和电流大小有关，钢筋较细时采用高值，钢筋较粗时采用低值。通电热处理可在对焊机上进行。其过程为：当焊接完毕后，待接头冷却至300℃（钢筋呈暗黑色）以下时，松开夹具，将电极钳口调到最大距离，把焊好的接头放在两钳口间中心位置，重新夹紧钢筋，采用较低的变压器级次，对接头进行脉冲式通电加热（频率以0.51s/次为宜）。当加热到750～850℃（钢筋呈橘红色）时，通电结束，然后让接头在空气中自然冷却。

4）钢筋的低温对焊。钢筋在环境温度低于－5℃的条件下进行对焊则属低温对焊。在低温条件下焊接时，焊件冷却快，容易产生淬硬现象，内应力也将增大，使接头力学性能降低，给焊接带来不利因素。因此在低温条件下焊接时，应掌握好冷却速度。为使加热均匀，增大焊件受热区域，宜采用预热闪光焊或闪光—预热—闪光焊。

其焊接参数与常温相比，调伸长度应增加10%～20%；变压器级次降低一级或二级；烧化过程中期的速度适当减慢；预热时的接触压力适当提高，预热间歇时间适当延长。

4.1.3 操作技术

下面简要介绍闪光对焊的操作技术。

1. 焊前准备

（1）焊前需对接头处进行处理，清除端部的油污、锈蚀；弯曲的端头不能装夹，必须切掉。

（2）选择好参数，表4-4供参考选择。

表4-4　　　　　　　　　　　　　闪光对焊工艺参数

钢筋直径 /mm	顶锻压力 /MPa	伸出长度 /mm	烧化留量 /mm	顶锻留量 /mm	烧化时间 /s
5	60	9	3	1	1.5
6	60	11	3.5	1.3	1.9
8	60	13	4	1.5	2.25
10	60	17	5	2	3.25
12	60	22	6.5	2.5	4.25
14	70	24	7	2.8	5.00
16	70	28	8	3	6.75
18	70	30	9	3.3	7.5
20	70	34	10	3.6	9.0
25	80	42	12.5	4.0	13.00
30	80	50	15	4.6	20.00
40	80	66	20	6.0	45

2. 操作过程

（1）按焊件的形状调整钳口，使两钳口中心线对准。

（2）调整好钳口距离。

（3）调整行程螺钉。

（4）将钢筋放在两钳口上，并将两个夹头夹紧、压实。

（5）手握手柄将两钢筋接头端面顶紧并通电，利用电阻热对接头部位预热，加热至塑性状态后，拉开钢筋，使两接头中间留有1～2mm的空隙。焊接过程进入闪光阶段，火花飞溅喷出，排出接头间的杂质，露出新的金属表面。此时，迅速将钢筋端头顶紧，并断电继续加压，但不能造成接头错位、弯曲。加压使接头处形成焊包，焊包的最大凸出量高于母材2mm左右为宜。

钢筋闪光对焊的操作要领是：预热要充分；顶锻前瞬间闪光要强烈；顶锻快而有力。

（6）结束后卸下钢筋，过程完成。

4.1.4　安全使用

1. 安全规程

电阻焊在使用过程中需要注意以下安全规程。

（1）工作前应先检查焊接电源的接地或接零装置，线路连接是否牢固以及绝缘是否良好。同时还应检查冷却水供水系统等，确认正常后才可开始工作。

（2）开启电阻焊电源时，应先开冷却水阀门，焊机不得在漏水的情况下运行，以防焊机烧坏。

（3）调节焊机功率应在焊机空载下进行。

（4）操作者应佩戴防护眼镜，并应避开火花的飞溅方向，以防灼伤眼睛。

（5）闪光对焊时，应对火花飞溅进行屏蔽遮挡，作业点周围应清除可燃易爆物品，以免发生火灾和灼烫事故。

（6）装卸工件时要拿稳，双手与电极应保持适当距离；严禁人手进入两电极之间，避免挤压手指。

（7）操作者应穿戴好个人防护用品，如工作帽、完好干燥的工作服、绝缘鞋及手套等。

（8）电阻焊设备必须由专人定期检修和维护。

2. 常见故障

电阻焊的常见故障及相应处理措施如下。

（1）闪光不稳定。

处理措施。

1）消除电极底部和表面的氧化物。

2）提高变压器级数。

3）加快烧化速度。

（2）焊缝金属过烧。

处理措施。

1）减小预热程度。

2）加快烧化速度，缩短焊接时间。

3）避免过多带电顶锻。

（3）烧化过分剧烈并产生强烈的爆炸声。

处理措施。

1）降低变压器级数。

2）减慢烧化速度。

（4）接头中有缩孔。

处理措施。

1）降低变压器级数。

2）适当增大顶锻留量及顶锻压力。

3）避免烧化过程过分强烈。

（5）接头中有氧化膜、未焊透或夹渣。

处理措施。

1）增加预热程度。

2）加快顶锻速度。

3）加快临界顶锻时的烧化速度。

4）增大顶锻压力。

5）确保带电顶锻过程。

（6）接头区域裂纹。

处理措施。

1）检验钢筋的碳、硫、磷含量；若不符合规定时应更换钢筋。

2）采取低频预热方法，增加预热程度。

（7）接头弯折或轴线偏移。

处理措施。

1）正确调整电极位置。

2）修整电极钳口或更换已变形的电极。

3）切除或矫直钢筋的接头。

（8）钢筋表面微熔及烧伤。

处理措施。

1）消除电极内表面的氧化物。

2）清除钢筋被夹紧部分的铁锈和油污。

3）夹紧钢筋。

4）改进电极槽口形状增大接触面积。

3. 安全措施

电阻焊设备安全措施主要有。

（1）电阻焊设备的安装必须在专业人员的监督指导下进行，并符合相关标准规定。

（2）所有电阻焊设备上的起动控制装置必须妥善安置或保护，以免误起动。

（3）所有与电阻焊设备有关的链、齿轮、操作连杆及皮带都必须按规定要求妥善保护。

（4）电阻焊机的所有拉门、检修面板及靠近地面的控制面板必须保持锁定或连锁状态，以防止无关人员接近设备的带电部分。

（5）电阻焊机的接地要求必须符合相关标准的有关规定。

（6）在单点和多点焊机操作过程中，当操作者的手需要经过操作区域而可能受到伤害时，必须有效地采用下述某种措施进行保护，这些措施包括：机械保护式挡板、挡块；双手控制方法；弹键；限位传感装置；当任何操作者的手处于操作点下面时防止压头动作的类似装置或机构。

（7）活动夹头的结构必须保证操作者在作业时，其手指不存在被剪切的危险，否则必须提供保护措施。

（8）使用闪光焊设备时，必须提供由耐火材料制成的闪光屏蔽，并应采取适当的防火措施。

4.2　钢筋电渣压力焊安全

现代化建筑的特点之一，是高大的现浇钢筋混凝土结构较多，因此，竖向钢筋用量较多，而且其直径较粗、强度级别较高。为便于运输，钢筋的生产长度一般在9m以内。从利于施工出发，还需根据楼层高度断成一定长度。所以，竖向钢筋的连接多采取焊接方法，如电弧焊、气压焊、铝热焊和电渣压力焊等，其中钢筋电渣压力焊应是施工现场优先采用的方法，国家科委已将该项焊接技术列为1993年国家科技成果重点推广项目，该项技术已在我国的基本建设中发挥重要作用。

4.2.1　钢筋焊接

钢筋采用焊接联结时，各种接头的焊接方法、接头形式和适用范围见表4-5。

表 4-5　　　　　　　　　钢筋焊接方法的运用范围

焊接方法	接头形式	适用范围	
		钢筋牌号	钢筋直径/mm
电阻点焊		HPB300	6～16
		HRB335　　HRBF335	6～16
		HRB400　　HRBF400	6～16
		CRB500	5～12
闪光对焊		HPB300	8～22
		HRB335　　HRBF335	8～32
		HRB400　　HRBF400	8～32
		HRB500　　HRBF500	10～32
		RRB400	10～32

续表

焊接方法			接头形式	适用范围	
				钢筋牌号	钢筋直径/mm
箍筋闪光对焊				HPB300	6～16
				HRB335　HRBF335	6～16
				HRB400　HRBF400	6～16
电弧焊	帮条焊	双面焊		HPB300	6～22
				HRB335　HRBF335	6～40
				HRB400　HRBF400	6～40
				HRB500　HRBF500	6～40
		单面焊		HPB300	6～22
				HRB335　HRBF335	6～40
				HRB400　HRBF400	6～40
				HRB500　HRBF500	6～40
	搭接焊	双面焊		HPB300	6～22
				HRB335　HRBF335	6～40
				HRB400　HRBF400	6～40
				HRB500　HRBF500	6～40
		单面焊		HPB300	6～22
				HRB335　HRBF335	6～40
				HRB400　HRBF400	6～40
				HRB500　HRBF500	6～40
	熔槽帮条焊			HPB300	20～22
				HRB335　HRBF335	20～40
				HRB400　HRBF400	20～40
				HRB500　HRBF500	20～40
	坡口焊	平焊		HPB300	18～40
				HRB335　HRBF335	18～40
				HRB400　HRBF400	18～40
				HRB500　HRBF500	18～40
		立焊		HPB300	18～40
				HRB335　HRBF335	18～40
				HRB400　HRBF400	18～40
				HRB500　HRBF500	18～40

续表

焊接方法		接头形式	适用范围	
			钢筋牌号	钢筋直径/mm
电弧焊	钢筋与钢板搭接焊		HPB300	8～40
			HRB335　　HRBF335	8～40
			HRB400　　HRBF400	8～40
			HRB500　　HRBF500	8～40
	窄间隙焊		HPB300	16～40
			HRB335　　HRBF335	16～40
			HRB400　　HRBF400	16～40
	预埋件电弧焊 角焊		HPB300	6～25
			HRB335　　HRBF335	6～25
			HRB400　　HRBF400	6～25
			HRB500　　HRBF500	6～25
	预埋件电弧焊 穿孔塞焊		HPB300	20～25
			HRB335　　HRBF335	20～25
			HRB400　　HRBF400	20～25
			HRB500　　HRBF500	20～25
	预埋件钢筋埋弧压力焊 埋弧螺柱焊		HPB300	6～25
			HRB335　　HRBF335	6～25
			HRB400　　HRBF400	6～25
			HRB500　　HRBF500	6～25
电渣压力焊			HPB300	12～32
			HRB335　　HRBF335	12～32
			HRB400　　HRBF400	12～32
			HRB500　　HRBF500	12～32
气压焊	固态 熔态		HPB300	12～40
			HRB335　　HRBF335	12～40
			HRB400　　HRBF400	12～40
			HRB500　　HRBF500	12～40

注：1. 电阻点焊时，适用范围的钢筋直径指两根不同直径钢筋交叉叠接中较小钢筋的直径。

2. 生产中，有较高要求的抗震结构用钢筋，在牌号后加 E（例如，HRB400E，HRBF400E）可参照同级别钢筋施焊。

3. 生产中，若有 HPB235 钢筋需要进行焊接时，可参看采用 HPB300 钢筋的焊接工艺参数。

4. 电弧焊含焊条电弧焊和二氧化碳气体保护电弧焊。

钢筋电弧焊主要有帮条焊、搭接焊、坡口焊、窄间隙焊和熔槽帮条焊 5 种接头形式。焊接时应符合下列要求。

（1）为保证焊缝金属与钢筋熔合良好，必须根据钢筋的牌号、直径、接头型式和焊接位置，选用合适的焊条、焊接工艺和焊接参数。

（2）钢筋端头间隙、钢筋轴线以及帮条尺寸、坡口角度等，均应符合相关规程的有关规定。

（3）焊接地线与钢筋应接触良好，防止因接触不良而烧伤主筋。

（4）接头焊接时，引弧应在垫板、帮条或形成焊缝的部位进行，防止烧伤主筋。

（5）焊接过程中应及时清渣，焊缝表面应光滑，焊缝余高应平缓过渡，弧坑应填满。以上各点对于各牌号钢筋焊接均适用，特别是 HRB335、HRB400、RRB400 钢筋焊接时更为重要，例如，若焊接地线乱搭，与钢筋接触不好时，很容易发生起弧现象，烧伤钢筋或局部产生淬硬组织，形成脆断起源点。在钢筋焊接区外随意引弧，同样也会产生上述缺陷，这些都是焊工容易忽视而又十分重要的问题。

4.2.2 原理与特点

1. 工作原理

钢筋电渣压力焊是将两钢筋安放成竖向对接形式，利用焊接电流通过两钢筋间隙，在焊剂层下形成电弧过程和电渣过程，产生电弧热和电阻热，熔化钢筋，加压完成的一种压焊方法。

电渣压力焊适用于现浇钢筋混凝土结构中竖向或斜向（倾斜度在 4∶1 范围内）钢筋的连接，特别是对于高层建筑的柱、墙钢筋，应用非常广泛。

2. 特点

（1）生产效率高。由于焊接时采用多机头流水作业法，所以大大提高了焊接效率。包括辅助时间在内，平均每 2 分钟完成一个接头，焊接效率比电弧焊提高 8～10 倍，比气压焊提高 1 倍。

（2）焊接质量好。钢筋端面如有赃物或氧化物，在挤压时，将随熔化金属一起被挤出接合面，因此电渣压力焊不产生虚焊现象。

（3）电能消耗少、节约钢材。电渣压力焊所用电流虽比电弧焊提高约 4 倍，但其通电时间仅为电弧焊的 5%，因此，电渣压力焊的耗电量仅为电弧焊的20%。电渣压力焊为对接接头，因此，与绑扎接头、搭接接头相比，可大大节约钢材。

（4）焊接操作简单。焊接过程中操作简单，且劳动条件好，利于安全文明生产。

4.2.3　焊接工艺

1. 工艺过程

电渣压力焊的工艺过程包括四个阶段：引弧过程、电弧过程、电渣过程和顶压过程，如图4-8所示。

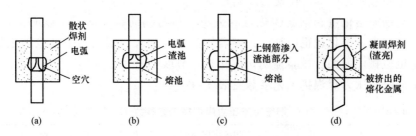

图4-8　钢筋电渣压力焊过程

(a) 引弧过程；(b) 电弧过程；(c) 电渣过程；(d) 顶压过程

焊接开始时，首先在上、下两根钢筋端面之间引燃电弧，使电弧周围焊剂熔化形成空穴；随之焊接电弧在两钢筋之间燃烧，电弧热将两钢筋端部熔化，熔化的金属形成熔池，熔融的焊剂形成熔渣（渣池），覆盖于熔池之上，此时，随着电弧的燃烧，上、下两根钢筋端部逐渐熔化，将上钢筋不断下送，以保持电弧的稳定，继续电弧过程；随电弧过程的延续，两根钢筋端部熔化量增加，熔池和渣池加深，待达到一定深度时，加快上钢筋的下送速度，使其端部直接与渣池接触，这时，电弧熄灭而变电弧过程为电渣过程；待电渣过程产生的电阻热使上、下两根钢筋的端部达到全截面均匀加热的时候，迅速将上钢筋向下顶压，挤出全部熔渣和液态金属，随即切断焊接电源，完成焊接工作。

2. 工艺参数

钢筋电渣压力焊的焊接工艺参数主要有焊接电流、焊接电压、焊接时间、挤压力和钢筋熔化量等。

（1）焊接电流。焊接电流是电渣压力焊的主要焊接工艺参数。电流如过小，除了容易造成短路以外，主要是不能充分熔化焊剂，钢筋端头得不到均匀熔化，挤压时不能顺利地将熔渣和氧化夹杂物挤除，不能保证焊接质量。电流如过大，渣池温度过高，容易引起接头过热。实践证明，焊接电流应根据钢筋直径确定，一般按每平方毫米端面0.7~1A为宜。如电流合适，经熔化后的上钢筋端面形状会呈现光滑的半球形。

（2）焊接电压。电渣压力焊过程中，焊接电压是变化的。电弧开始引燃至焊剂熔化，形成渣池阶段，为使焊剂充分熔化，需将电弧拉长，所以电压较高，一般控制在 40V 左右，该电压也称造渣电压。当造渣结束进入电渣阶段时，钢筋已插入渣池，电弧熄灭，电压迅速下降，一般在 20V 左右，该电压称为电渣电压，也叫渣池电压。如焊接电压太低，会形成短路，影响端头的均匀熔化。

（3）挤压力。挤压的目的是为了从焊口排除熔渣和熔化金属。挤压时由于焊口处于熔融状态，因此，所需挤压力很小。对于各种直径的钢筋，用于端面的挤压力一般有 20~30kgf 便可以满足要求。

（4）钢筋熔化量。钢筋熔化量的大小一般与钢筋端面的不平度有关，随着不平度的加大，熔化量也应加大；随着钢筋直径加大，端面不平度也随之加大，熔化量也应相应加大。试验证明，熔化量一般取 20~30mm。

钢筋电渣压力焊焊接工艺参数见表 4-6。

表 4-6　　　　　　　　钢筋电渣压力焊焊接工艺参数

钢筋直径 /mm	焊接电流 /A	焊接电压/V		焊接通电时间/s	
		电弧过程 ($u_{2.1}$)	电渣过程 ($u_{2.2}$)	电弧过程 (t_1)	电渣过程 (t_2)
12	160~180			9	2
14	200~220			12	3
16	200~250			14	4
18	250~300			15	5
20	300~350			17	5
22	350~400	35~45	22~27	18	6
25	400~450			21	6
28	500~550			24	6
32	600~650			27	7
36	700~750			30	8
40	850~900			33	9

4.2.4　操作技术

1. 焊前准备

（1）将焊接夹具的下夹头紧固于焊接用下钢筋端部的适当位置，使钢筋端面略低于焊剂桶高度的一半处。

（2）将上钢筋放于焊接夹具的上夹头钳口内。调整动夹头的起始点，留出约 15mm 的行程用以引弧，然后夹紧钢筋。钢筋一经夹紧，不得晃动，避免钢筋错位和夹具变形。

（3）调整上、下钢筋焊接端头，使两根钢筋保持在同一轴线上，适当拧紧调节螺钉。

（4）将5～10mm高的钢丝球放进上下钢筋接缝中并夹住，用石棉布堵严焊剂桶缝隙，在焊剂桶内均匀放满焊剂。引弧可采用钢丝圈（焊条芯）引弧法，或直接引弧法。

（5）电渣压力焊焊接参数包括焊接电流、焊接电压和通电时间，采用HJ431焊剂时，宜符合表4-14的规定，调整好各焊接参数。

采用专用焊剂或自动电渣压力焊机时，应根据焊剂或焊机使用说明书中推荐的数据，通过试验后确定。

（6）焊剂使用前，一定要烘干。灌装焊剂时，必须注意漏斗孔与钢筋间的严密性，以防焊剂漏散造成焊头不成形。

2. 焊接

（1）通过操纵杆或操纵盒上的开关，先后接通焊机的焊接电流回路和电源的输入回路，在钢筋端面之间引燃电弧，开始焊接，进入电弧过程。

（2）观察电压表，使电压控制在35～45V，并保持电压稳定。

（3）大约过了焊接时间的3/4时，逐渐下送上钢筋，进入电渣过程，电压保持在22～27V。

（4）电渣过程结束，迅速下送上钢筋，使其端面与下钢筋端面相互接触，趁热排除熔渣和熔化金属，同时切断电源，施焊过程结束。

焊接过程，以ϕ28mm钢筋为例，如图4-9所示。图中，上钢筋位移S指采用焊条芯引弧法。

3. 保温

焊接完成后，不能立即卸下机头放出焊剂，如马上放出焊剂，则焊口冷却速度过快，形成冷淬组织缺陷，所以一定要保温2分钟以后才能放出焊剂，焊口处的渣壳要等焊口完全冷却后才能敲掉，四周焊包应均匀。一般来讲，直径越粗，熔化量越大，钢筋级别越高，气温越低，保温时间越长。

4.2.5 安全使用

1. 安全规程

电渣压力焊焊接时应严格遵守安全操作规程，防止触电、防止爆炸、防止火灾、防止高空坠落等安全事故。

（1）操作钢筋电渣压力焊的焊工必须经过培训并获得操作证才可上岗。

（2）焊工应穿戴绝缘手套和绝缘胶鞋，并经常检查防护用品的完好性。

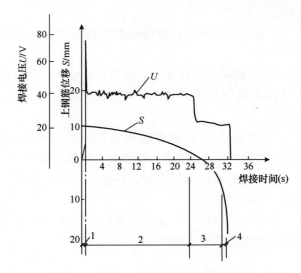

图 4-9　钢筋电渣压力焊工艺过程图解

1—引弧过程；2—电弧过程；3—电渣过程；4—顶压过程

（3）施焊场所及作业下方严禁有易燃易爆物品。

（4）没有取得 3C 认证的产品不得进入现场使用。并不定期地对二次空载电压进行测试，要求低于 24V。

（5）焊接设备必须有接地或接零装置和空载电压自动保护装置。

（6）严禁焊接电缆处于短路状态。

（7）电源进线、开关接线、电焊机、控制器接线处不应裸露，一次线必须绝缘良好。

（8）电渣压力焊机加装弧焊机防触电装置（二次降压保护器），能有效预防人身触电死亡危险。

（9）出现故障应立即切断电源，通知有关人员进行修理。

（10）雨天停止施焊，潮湿场所施焊要加强防护。高空作业应系好安全带。

（11）每台电渣压力焊机作业设为一个小组，每小组必须有一人具备监管救护知识，或者多台（组）有专人监护制度。

（12）施焊完成后应拉闸断电，并做好设备防雨、防水工作。

2. 常见故障

钢筋电渣压力焊的常见故障及相应处理措施如下。

（1）轴线偏移。处理措施。

1）矫直钢筋端部。

2）正确安装夹具和钢筋。

3）避免过大的顶压力。

4）及时修理或更换夹具。

（2）气孔。处理措施。

1）按规定要求烘熔焊剂。

2）清除钢筋焊接部位的铁锈。

3）确保接缝在焊剂中埋入合适的深度。

（3）咬边。处理措施。

1）减小焊接电流。

2）缩短焊接时间。

3）注意上钳口的起点和止点，确保上钢筋顶压到位。

（4）弯折。处理措施。

1）矫直钢筋端部。

2）注意安装和扶持上钢筋。

3）避免焊后过快卸夹具。

4）修理或更换夹具。

（5）烧伤。处理措施。

1）钢筋导电部分除净铁锈。

2）尽量夹紧钢筋。

（6）未焊合。处理措施。

1）避免焊接时间过短。

2）增大焊接电流。

3）检修夹具，适当增加熔化量。

（7）焊包下淌。处理措施。

1）彻底封堵焊剂桶的漏孔。

2）避免焊后过快回收焊剂。

3. 维护保养

（1）使用前应检查全套设备的配套性和完好性。

（2）焊机应由具有操作合格证的人员使用。

（3）要严格按操作程序操作焊机，严禁用力操作。注意额定焊接电流和负载持续率，不要因使用时间过长或焊接电流过大烧坏焊机。

（4）焊接设备的安装、修理必须由电工进行。焊机在使用过程中发生故障时，焊工应立即切断电源，通知电工检查修理。

（5）设备应由专人负责保管，定期检查设备情况，转动部分应经常加油润滑，并防止异物掉入。焊机必须保持接地良好。

（6）全套设备应存放在一处，存放处应确保安全、干燥、通风，严禁雨淋和受潮。

4.3 钢筋埋弧压力焊

4.3.1 原理

钢筋埋弧压力焊是将钢筋与钢板安放成 T 形接头形式，利用焊接电流通过，在焊剂层下产生电弧形成熔池，加压完成的一种压焊方法。常用于钢筋和钢板 T 形焊接。

4.3.2 焊接工艺

1. 工艺过程

钢筋埋弧压力焊的工艺过程应符合下列要求。

（1）钢板放平，并与铜板电极接触紧密。

（2）将锚固钢筋夹于夹钳内，应夹牢，并放好挡圈，注满焊剂。

（3）接通高频引弧装置和焊接电源后，应立即将钢筋上提，引燃电弧，使电弧稳定燃烧，再渐渐下送，如图 4 - 10 所示。需要注意的是，顶压要迅速但又不得用力过猛。

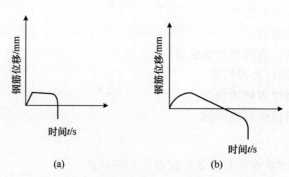

图 4 - 10　预埋件钢筋埋弧压力焊上钢筋位移图解

(a) 小直径钢筋；(b) 大直径钢筋

（4）敲去渣壳，四周焊包凸出钢筋表面的高度不得小于 4mm。

2. 工艺参数

钢筋埋弧压力焊的焊接参数包括引弧提升高度、电弧电压、焊接电流和焊接通电时间。

采用 500 型焊接变压器时，焊接参数见表 4 - 7。

表 4 - 7 埋弧压力焊焊接参数

钢筋牌号	钢筋直径/mm	引弧提升高度/mm	电弧电压/V	焊接电流/A	焊接通电时间/s
HPB300	8	2.5	30~35	500~600	3
HRB335	10	2.5	30~35	500~650	5
HRB335E	12	3.0	30~35	500~650	8
HRBF335	14	3.5	30~35	500~650	15
HRBF335E	16	3.5	30~40	500~650	22
HRB400	18	3.5	30~40	500~650	30
HRB400E	20	3.5	30~40	500~650	33
HRBF400	22	4.0	30~40	500~650	36
HRBF400E	25	4.0	30~40	500~650	40

采用 1000 型焊接变压器时，可用大电流、短时间的强参数焊接法，以提高劳动生产率。

4.3.3 安全使用

1. 安全规程

钢筋埋弧压力焊在使用过程中需要注意以下安全规程。

（1）埋弧焊的焊接电流强度大，因此在工作前应认真检查焊接电流各部位的导线连接是否牢固可靠，否则一旦由于接触不良，接触电阻过大，就会产生大量电阻热，引起设备烧毁，甚至造成电气火灾事故。并且还应检查控制箱、焊接电源及焊接小车的壳体或机体的接地接零装置，确认正常后才可开始运行。

（2）埋弧压力焊机（自动或手动）、焊接机构、控制系统、高频引弧器、钢筋夹钳、弧焊变压器等工器具应符合使用要求。

（3）埋弧焊的焊接电缆截面积应符合额定电流的安全要求，过细的电缆在焊接大电流作用下，绝缘套易发热老化，且硬化龟裂，是发生触电和电气火灾爆炸的隐患。

（4）埋弧压力焊施工现场有必要的消防设备，如砂堆、灭火器等，保持通风良好。施工作业者应配备面罩、绝缘鞋、手套等劳保用品。

（5）在高空作业时，要求焊工遵守相关安全规定。

（6）按下起动按钮引弧前，应施放焊剂，焊接过程中应注意保持焊剂的连续覆盖，防止电弧从焊剂层下外露，伤害操作者的眼睛，且影响焊接质量。焊工应配戴防辐射眼镜。

（7）在调整机具时，注意手指及身体其他部位不得与运动机件接触以防擦伤、挤伤。

（8）搬动焊机时或工作结束后，必须切断焊接电源。

（9）焊接电源和机具发生故障时，应立即停机，通知专业维护人员进行修理，焊工不得擅自进行维修。

2. 常见故障

钢筋埋弧压力焊的常见故障及相应处理措施如下。

（1）钢筋咬边。处理措施。

1）减小焊接电流或缩短焊接时间。

2）增大压入量。

（2）夹渣。处理措施。

1）清除焊剂中熔渣等杂物。

2）避免过早切断焊接电流。

3）加快顶压速度。

（3）气孔。处理措施。

1）烘培焊剂。

2）清除钢板和钢筋上的铁锈、油污。

（4）未焊合。处理措施。

1）增大焊接电流，增加焊接通电时间。

2）适当加大顶压力。

（5）钢板焊穿。处理措施。

1）减小焊接电流或减少焊接通电时间。

2）避免钢板局部悬空。

（6）钢板凹陷。处理措施。

1）减小焊接电流、延长焊接时间。

2）减小顶压力，减小压入量。

（7）焊包不均匀。处理措施。

1）保证焊接地线的接触良好。

2）使焊接处对称导电。

（8）钢筋淬硬脆断。处理措施。

1）减小焊接电流，延长焊接时间。

2）检查钢筋化学成分。

4.4　钢筋气压焊安全

4.4.1　原理与分类

1. 原理

钢筋气压焊，是采用一定比例的氧气和乙炔为热源，对需要连接的两钢筋端部接缝处进行加热，使其达到热塑状态，同时对钢筋施加 30～40MPa 的轴向压力，使钢筋顶锻在一起的压焊方法。

气压焊的原理如图 4-11 所示。

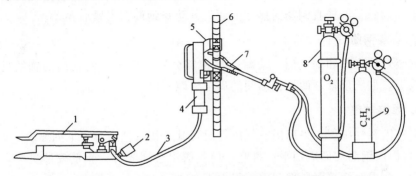

图 4-11　气压焊

1—脚踏液压泵；2—压力表；3—液压胶管；4—活动油缸；
5—钢筋卡具；6—被焊接钢筋；7—多火口烤枪；8—氧气瓶；9—乙炔瓶

该焊接方法使钢筋在还原气体的保护下，发生塑性流变后相互紧密接触，促使端面金属晶体相互扩散渗透，再结晶，再排列，形成牢固的焊接接头。这种方法设备投资少、施工安全、节约钢材和电能，不仅适用于竖向钢筋的联结，也适用于各种方向布置的钢筋连接。适用范围为直径 14～40mm 的 HPB235、HRB335 和 HRB400 钢筋（25MnSi HRB400 钢筋除外）。当不同直径钢筋焊接时，两钢筋直径差不得大于 7mm。

2. 分类

气压焊按加热温度和工艺方法的不同，可分为熔态气压焊（开式）和固态气压焊（闭式）两种。采用熔态气压焊时，可以简化对钢筋端部加工的苛刻要求，操作简便，工效高，在一般情况下，宜优先采用。

4.4.2　操作技术

1. 焊前准备

施焊前，钢筋端面应切平，并宜与钢筋轴线相垂直（为避免出现端面不平现象，导致压接困难，钢筋尽量不使用切断机切断，而应使用砂轮锯切断）；切断面还要用磨光机打磨见新，露出金属光泽；将钢筋端部约 100mm 范围内的铁锈、黏附物以及油污清除干净；钢筋端部若有弯折或扭曲，应矫正或切除。

考虑到钢筋接头的压缩量，下料长度要比图纸尺寸多出钢筋直径的 0.6～1 倍。

根据竖向钢筋（气压焊多数用于垂直位置焊接）接长的高度搭设必要的操作架子，确保工人扶直钢筋时操作方便，并防止钢筋在夹紧后晃动。

2. 安装钢筋

安装焊接夹具和钢筋时，应将两根钢筋分别夹紧，并使它们的轴线处于同一直线上，加压顶紧，两根钢筋间的局部缝隙不得大于 3mm。

3. 焊接过程

（1）固态气压焊。采用固态气压焊时，其焊接工艺应符合下列要求。

1）焊前钢筋端面应切平、打磨，使其露出金属光泽，钢筋安装夹牢，预压顶紧后，两根钢筋端面局部间隙不得大于 3mm。

2）气压焊加热开始至钢筋端面密合前，应采用碳化焰集中加热；钢筋端面密合后可采用中性焰宽幅加热；焊接全过程不得使用氧化焰。

3）气压焊顶压时，对钢筋施加的顶压力应为 30～40N/mm^2。

常用的三次加压法工艺过程，以 ϕ25mm 钢筋为例，如图 4 - 12 所示。

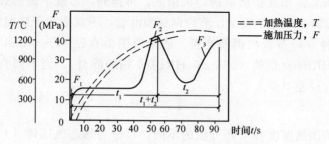

图 4 - 12　三次加压法焊接工艺过程图解

t_1—碳化焰对准钢筋接缝处集中加热；F_1——次加压，预压；

t_2—中性焰往复宽幅加热；F_2—二次加压，接缝密合；

t_1+t_2—根据钢筋直径和火焰热功率而定；

F_3—三次加压，镦粗成形

（2）熔态气压焊。采用熔态气压焊时，其焊接工艺应符合下列要求。

1）安装前，两根钢筋端面之间应预留 3～5mm 间隙。

2）气压焊开始时，首先使用中性焰加热，待钢筋端头至熔化状态，附着物随熔滴流走，端部呈凸状时，即加压，挤出熔化金属，并密合牢固。

3）使用氧—液化石油气火焰进行熔态气压焊时，应适当增大氧气用量。液化石油气的主要成分为丙烷（C_3H_8），占 50%～80%，其余为丁烷（C_4H_{10}），还有少量丙烯（C_3H_6）及丁烯（C_4H_8），它与乙炔（C_2H_2）不同，燃烧反应方程式亦不同。根据计算，氧与液化石油气的体积比约为 1.7∶1。

4. 成型与卸压

气压焊施焊中，通过最终的加热加压，应使接头的镦粗区形成规定的形状。然后，应停止加热，略为延时，卸除压力，拆下焊接夹具。

5. 灭火中断

在加热过程中，如果在钢筋端面缝隙完全密合之前发生灭火中断现象，应将钢筋取下重新打磨、安装，然后点燃火焰进行焊接。如果灭火中断发生在钢筋端面缝隙完全密合之后，可继续加热加压。

4.4.3 安全使用

1. 安全规程

钢筋气压焊在使用过程中需要注意以下安全规程。

（1）焊工必须有上岗证，不同级别的焊工有不同的作业允许范围，应符合国家标准规定。辅助工应具有钢筋气压焊的有关知识和经验，掌握钢筋端部加工和钢筋安装的质量要求。

（2）焊工应遵守相关的气焊工安全规程制度。氧气瓶、乙炔气瓶、减压器使用应遵守相关安全规定。

（3）施工现场必须设置牢固的安全操作平台，完善安全技术措施，加强操作人员的劳动保护，防止发生烧伤烫伤和火灾爆炸，以及损坏设备等事故。

（4）施工地点及附近不得有易燃、易爆物品，现场应配备消防设备。

（5）气压焊接作业如遇雨雪天气或气温在 -15℃ 以下时，无遮蔽无保温缓冷不许作业。

（6）在施焊时，应注意氧气、乙炔管与压接火钳之间有无漏气和堵塞现象。

（7）乙炔胶管在使用中脱落、破裂或着火时，应先将焊钳上的火焰熄灭，然后停止供气；氧气胶管着火，应迅速关闭氧气瓶阀门，停止供气。禁止使用弯折氧气胶管灭火。

（8）应避免油泵和油管各连接处出现漏油现象，防止因油管微裂而喷出油雾引起爆燃事故。

（9）未熄灭火焰的焊钳，应握在手中，不得乱放。

（10）施工完毕，应先关闭氧气瓶阀。

2. 常见故障

钢筋气压焊的常见故障及相应处理措施如下。

（1）轴线偏移（偏心）。

1）故障原因。

a. 焊接夹具变形，两夹头不同心，或夹具刚度不够。

b. 两根钢筋安装不正。

c. 钢筋接合端面倾斜。

d. 钢筋未夹紧焊接。

2）处理措施。

a. 检查夹具，及时修理或更换。

b. 重新安装夹紧。

c. 切平钢筋端面。

d. 夹紧钢筋再焊。

（2）弯折。

1）故障原因。

a. 焊接夹具变形，两夹头不同心。

b. 平焊时钢筋自由端过长。

c. 焊接夹具拆卸过早。

2）处理措施。

a. 检查夹具，及时修理或更换。

b. 缩短钢筋自由端长度。

c. 熄火半分钟后再拆夹具。

（3）镦粗长度不够。

1）故障原因。

a. 加热幅度不够大。

b. 顶压力过大过急。

2）处理措施。

a. 增大加热幅度。

b. 加压时应平缓。

（4）镦粗直径不够。

1）故障原因。

a. 焊接夹具动夹头有效行程不够。

b. 顶压油缸有效行程不够。

c. 加热温度不够。

d. 压力不够。

2）处理措施。

a. 检查夹具和顶压油缸，如有问题及时更换。

b. 采用适宜的加热温度及压力。

（5）钢筋表面严重烧伤。

1）故障原因。

a. 火焰功率过大。

b. 加热时间过长。

c. 加热器摆动不匀。

2）处理措施。

调整加热火焰，正确掌握操作方法。

（6）未焊合。

1）故障原因。

a. 加热温度不够或热量分布不匀。

b. 顶压力过小。

c. 结合端面不洁。

d. 端面氧化。

e. 中途灭火或火焰不当。

2）处理措施。

合理选择焊接参数，正确掌握操作方法。

焊接缺陷与变形

项目 5

5.1 焊接缺陷

根据《焊接术语》（GB/T 3375—1994），焊接缺陷是指焊接过程中在焊接接头中产生的金属不连续性、不致密或连接不良的现象。

国外把焊接接头中的不连续性、不均匀性以及其他不健全的欠缺，称为焊接缺欠；焊接接头中一种或多种不连续性缺欠，按其特性或累加效果，使产品不能符合所提出的最低合用要求，称为焊接缺陷。缺欠不一定是缺陷，例如，焊件在力学性能、冶金特性或物理特性上的不均匀性等。而有的缺欠则可能对产品结构构成危害，损害其质量，已使具体焊接产品不符合其使用性能的要求的焊接缺欠，即是焊接缺陷。缺陷是必须予以去除或修补的一种状况，所以应慎重使用"缺陷"这个词，因为该词意味着焊接接头是不合格的，必须采取修补措施，否则就应报废，因此通常泛泛而论时，采用"缺欠"一词为宜，但是根据目前的实际情况，本书仍然采用"缺陷"一词。

5.1.1 焊接缺陷的种类

1. 分类方法

焊接过程中产生的缺陷类型是多种多样的，按其在焊接接头中所处的位置和表现形式不同，通常有以下几种分类方法。

（1）按缺陷的有害性分类。按缺陷的有害性分类，可分为危害性缺陷（裂纹、未焊透、未熔合）和一般性缺陷（未定级的内部小气孔、夹渣、表面飞溅）。

（2）按缺陷出现的位置分类。按缺陷出现的位置分类，可分为外部缺陷（咬边、焊瘤、表面气孔、表面裂纹、弧坑、焊缝尺寸不符合要求等）和内部缺陷（气孔、裂纹、未熔合、夹渣等）。

项目5　焊接缺陷与变形

（3）按缺陷形状分类。按缺陷形状分类，可分为平面形缺陷和体积形缺陷。

（4）按缺陷的特征分类。按缺陷的特征分类，可分为裂纹、夹渣、气孔、未焊透、未熔合、咬边、焊瘤等。

（5）按缺陷的形成期分类。按缺陷的形成期分类，可分为焊接时缺陷和焊后缺陷。

2. 类别

（1）裂纹。裂纹是指在焊接应力及其他致脆因素共同作用下，焊接接头中局部地区的金属原子结合力遭到破坏而形成的新界面所产生的缝隙。它具有尖锐的缺口和大长宽比的特征。

根据裂纹产生的原因及温度不同，裂纹可分为热裂纹、冷裂纹、再热裂纹、层状撕裂等。

1）热裂纹。热裂纹是指在焊接过程中，焊缝和热影响区金属冷却到固相线附近的高温区产生的焊接裂纹。

热裂纹较多地贯穿在焊缝表面。热裂纹多产生在弧坑中。宏观见到的热裂纹，其断面有明显的氧化色彩。微观观察，焊接热裂纹主要沿晶粒边界公布，属于沿晶界断裂性质。

综合考虑热裂纹产生的原因、裂纹的形态、裂纹产生的温度区间，可将热裂纹分为两类。

a. 结晶裂纹。焊缝金属在结晶过程中，处于固相线附近的范围内，由于凝固金属的收缩，残余液相补充不足，在承受拉力时，致使沿晶界开裂。这种在焊缝金属结晶过程中产生的裂纹称结晶裂纹。结晶裂纹主要出现在含杂质硫、磷、硅、碳钢、单相奥氏体钢、铝及其合金焊缝中。

b. 高温液化裂纹。液化裂纹主要是晶间层出现液相，并由应力作用产生的。这种类型的裂纹多产生于含铬镍的高强钢、奥氏体钢的热影响区。

2）冷裂纹。冷裂纹是指焊接接头冷却到较低温度下（对于钢来说在 M_s 温度以下）时产生的焊接裂纹。冷裂纹是一种在焊接低合金高强度钢、中碳钢、合金钢时经常产生的一种裂纹。

3）再热裂纹。含有铬、钼、铌等沉淀强化元素的低合金高强度钢及珠光体耐热钢，在焊后消除应力热处理等重新加热过程中，在焊接热影响区的粗晶区产生裂纹，故称再热裂纹。再热裂纹也属沿晶界断裂性质。再热裂纹的敏感温度范围在 $550 \sim 650℃$。

4）层状撕裂。焊接时，在厚板焊接结构中沿钢板轧层形成的呈阶梯状的一种裂纹。

（2）焊缝成形缺欠。焊缝成形缺欠包括焊缝太窄、太宽、太高、宽窄不均、焊脚尺寸不等、焊缝余高过高、焊缝表面下凹和角焊缝凸起过高等，如图 5 - 1

所示。

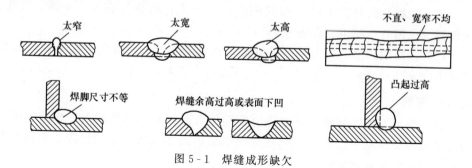

图 5-1　焊缝成形缺欠

（3）咬边。咬边是指由于焊接参数选择不当，或操作方法不正确，沿焊趾的母材部位产生的沟槽或凹陷，如图 5-2 所示。焊趾是指焊缝表面与母材的交界处。

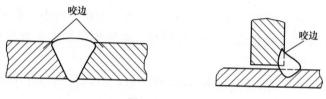

图 5-2　咬边

（4）凹坑。凹坑是指焊后在焊缝表面或焊缝背面形成的低于母材表面的局部低洼部分，如图 5-3 所示。

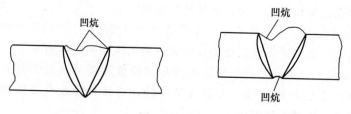

图 5-3　凹坑

（5）弧坑。焊缝收尾处产生的下陷部分称为弧坑，是凹坑的一种，如图 5-4 所示。

（6）气孔。气孔是焊接时，熔池中的气泡在凝固时未能逸出而残留下来所形成的空穴，如图 5-5 所示。

对焊缝金属有害的气体是氧、氢和氮。气孔有氢气孔、一氧化碳气孔和氮气孔。气孔会减少焊缝受力的有效截面积，降低焊缝的承载能力，破坏焊缝金属的致密性和连续性。

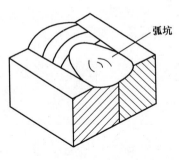

图 5-4　弧坑

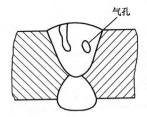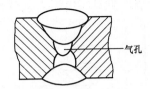

图 5-5　气孔

（7）夹渣。焊后残留在焊缝中的点状或条状焊渣称为夹渣，如图 5-6 所示。

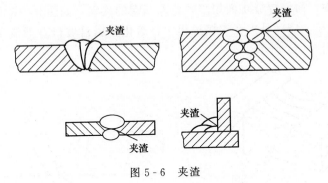

图 5-6　夹渣

（8）未熔合。未熔合是指熔焊时，焊道与母材之间或焊道与焊道之间，未完全熔化结合的部分。电阻点焊指母材与母材之间未完全熔化结合的部分，如图 5-7 所示。

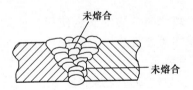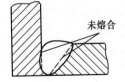

图 5-7　未熔合

(9) 未焊透。未焊透是指焊接时接头根部未完全熔透的现象，对接焊缝也指焊缝深度未达到设计要求的现象，如图 5-8 所示。

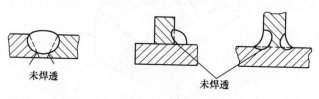

图 5-8 未焊透

(10) 焊瘤。焊瘤是指在焊接过程中，熔化金属流淌到焊缝之外未熔化的母材上所形成的金属瘤，如图 5-9 所示。

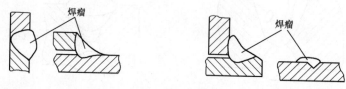

图 5-9 焊瘤

(11) 塌陷。塌陷是指在单面熔化焊时，由于焊接工艺不当，造成焊缝金属过量透过背面，而使焊缝正面塌陷，背面凸起的现象，如图 5-10 所示。

(12) 烧穿。烧穿是指在焊接过程中，熔化金属自坡口背面流出，形成穿孔的缺陷，如图 5-11 所示。

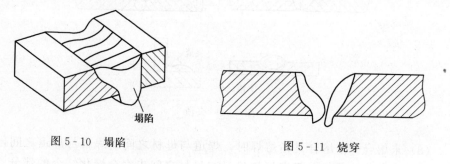

图 5-10 塌陷   图 5-11 烧穿

5.1.2 焊接缺陷的危害

焊接接头质量的优劣，将直接影响到产品结构的安全使用，如果受压元件的焊接接头质量低劣，则有可能发生爆炸等恶性事故，造成生命财产的巨大损失。而焊接接头的质量始终与焊接缺陷有联系。

焊缝的咬边、未焊透、气孔、夹渣、裂纹等不仅降低焊缝的有效受力截面，削弱焊缝的承载能力，更严重的是在焊缝及近缝区形成缺口。缺口会导致应力集中，而且使缺口处的受力状态发生改变，产生三向应力，降低材料的塑性，极易由此而引发裂纹甚至发生脆性破坏。

焊接缺陷的危害可归纳如下。

1. 引起应力集中

在焊接接头内如果存在着裂纹、未焊透以及其他带尖锐缺口的缺陷，在外力作用下，接头的截面不连续并会在间断处产生很大应力集中。当应力超过缺陷前端部位金属材料的断裂强度时，材料就会开裂，开裂处再次产生应力集中，会使原缺陷不断扩展，直至导致产品破裂。

2. 减少设备使用寿命

特种设备制造安装处于承受着低频脉动载荷的状态，如果焊接接头存在的缺陷超过一定界限，在经过周期性的低频应力循环后，将导致缺陷的扩展和在缺陷尖锐缺口处引起裂纹，直至引起结构断裂。

3. 造成脆断

特种设备制造安装焊接接头中产生的裂纹、未焊透等缺陷，在低温状态下，承受动载荷，可能在没有塑性变形的情况下产生快速断裂，其危害程度极大。

5.1.3　焊接缺陷的原因及预防

防止焊接缺陷，首要的条件是掌握各类缺陷的形成条件及其影响因素，以制定合理的焊接工艺，并在生产过程中加强工艺纪律，认真贯彻执行。

1. 裂纹

（1）热裂纹。

1）产生原因。焊缝金属中含硫量较高，形成硫化铁，硫化铁与铁作用形成低熔点共晶。在焊缝金属凝固过程中，低熔点共晶物被排挤到晶间面形成液态间膜，当受到拉伸应力作用时，液态间膜被拉断而形成热裂纹。

2）预防措施。

a. 控制焊缝中有害杂质含量，特别是硫、磷、碳的含量，也就是控制焊件及焊丝中的硫、磷含量，降低含碳量。

b. 选择合适的焊接规范，适当提高焊缝成形系数。

c. 采用碱性焊条或焊剂，可有效地控制有害杂质含量。

d. 采用多层多道焊可避免产生中心线偏移，收弧时要注意填满弧坑等。

（2）冷裂纹。

1）产生原因。产生冷裂纹的主要条件有三个，即焊接应力、淬硬组织及氢的影响因素（扩散氢的存在和聚集）。

2）预防措施。预防冷裂纹的措施主要应从降低扩散氢含量、改善接头组织和降低焊接应力等方面考虑。具体措施如下。

a. 焊前预热和焊后缓冷。预热可降低焊后冷却速度，避免淬硬组织，减小焊接应力。

b. 采取减少氢来源的工艺措施。焊条焊剂严格按规范烘干，随用随取。认真清理坡口及其两侧的油污、铁锈、水分及污物等。

c. 采用低氢型药皮焊条，提高焊缝金属的抗裂能力。

d. 采用合理的焊接工艺正确选用焊接工艺参数以及后热处理，以改善焊缝及热影响区的组织和性能，去氢和减小焊接应力。焊后热处理可改善接头组织，消除焊接残余应力。

e. 采用合理的装焊顺序，以改变焊件的应力状态等。

（3）再热裂纹。

1）产生原因。

a. 晶体内二次硬化。是指一些合金钢焊后再加热时，金属材料中钒、钼、铬等合金元素能形成碳化物沉淀相，造成晶内强化，是产生再热裂纹的主要原因。

b. 晶界杂质富集。是指在实验中的再热裂纹是由于杂质在晶界富集，使产生再热裂纹的敏感性明显增大。

c. 蠕变脆化。是指有更多人倾向把再热裂纹的产生用蠕变脆化断裂理论来解释，即把再热过程中的应力松弛也看作是应力逐步随时间降低的蠕变现象。

2）预防措施。防止再热裂纹产生，主要应考虑改善过热区粗晶的塑性和减少焊接残余应力。

主要措施有焊前预热和焊后进行热处理；在满足设计要求的条件下，采用高塑性低强度焊缝；尽量减少残余应力，如消除焊缝余高，减少咬边和根部未焊透等缺陷。

（4）层状撕裂。

1）产生原因。层状撕裂产生的原因主要是钢材中存在层状偏析，同时沿板厚方向承受较大的拉伸应力；还与钢板材质、焊缝金属中的含氢量、接头型式、施工工艺、结构形式等有一定的关系。

2）预防措施。主要应减少钢材中的层状偏析，从结构设计和焊接工艺方面采取措施减少板厚方向的焊接应力。

2. 焊缝成形缺陷

（1）产生原因。

1）装配间隙不均匀。

2）工件坡口角度不正确。

3）焊接参数选择不正确。

4）焊条角度不正确。

5）运条手法不正确。

6）焊条送进或移动速度不恒定。

7）焊接时操作者的手不稳定。

8）焊缝位置可达性不好。

（2）预防措施。

1）调整工件装配间隙。

2）改变工件坡口角度。

3）选择正确的焊接参数。

4）调整焊条角度。

5）调整运条方式。

6）保证焊条送进或移动速度恒定。

7）加强操作练习，焊接时手要稳，不能抖动。

8）改变焊接结构，改善焊缝位置的可达性。

3. 咬边

（1）产生原因。

1）焊接电流过大。

2）运条速度不当。

3）角焊缝的焊条角度不当及电弧长度不当。

4）埋弧焊时焊接速度过高等。

（2）预防措施。

1）选择适当的焊接电流。

2）选择适当的焊接速度。

3）角焊缝焊接时应采用合理的焊条角度和保持一定的电弧长度。

4）埋弧焊时要正确选择焊接规范参数。

4. 凹坑

（1）产生原因。

1）工件装配间隙过大。

2）焊接电弧过长。

3）焊条倾角不合适。

（2）预防措施。

1）合理安排工件装配间隙。

2）采用短弧焊接。

3）运条时调整焊条倾角。

5. 弧坑

（1）产生原因。

1）薄板焊接时电流过大。

2）灭弧停留时间过短，使熔池金属在电弧吹力下向后移动而又没有新的填充金属添加造成弧坑。

（2）预防措施。

1）采用断续灭弧或用引出板将弧坑引至工件外。

2）收弧时焊条应在熔池处稍停留或做环形运条，待熔池金属填满后再引向一侧灭弧。

6. 气孔

（1）产生原因。

1）焊接前未将坡口及两侧的油污、锈渍、氧化物等去除干净，或焊剂中混有异种造气物质。

2）焊条的药皮失效、剥落或烘干温度过高使药皮中的成分变质。

3）焊条或焊剂受潮，使用前未按规定进行烘干或烘干不足。

4）熔化金属冷却过快，或焊接速度过快，以致妨碍气体在熔池中上浮逸出。

5）焊接电流过大，使焊条发红，导致药皮失效，或电弧过长。电流种类及极性不同。用交流电进行焊接比用直流电进行焊接时气孔倾向大，直流反接比直流正接产生气孔倾向小。

6）埋弧焊时，使用过高的电弧电压，网络电压波动过大。

7）气焊时，火焰成分不对，焊炬摆动幅度过大，过快，以及焊丝添加不均匀。

8）手工钨极氩弧焊时，氩气纯度低，保护不良。

（2）预防措施。

1）消除气体来源。主要是去除工件和坡口表面的气化膜、油污、铁锈、水等物质，如铁锈在焊接过程中，不仅提供水分，也提供氧化铁而生成氢气。所以焊接前应当认真清理工件表面和坡口。

2）使用合格的焊条。一是不使用药皮开裂、剥落、变质、偏心的焊条；二是严格按说明书把焊条烘干，不使用受潮焊条。

3）正确选择工艺参数和保证工艺规范的稳定，如运条不易过快，电弧不要太长。

4）氩弧焊时使用高纯度的气体，调整适度的氩气流量和钨极或熔化极的长度，加强保护效果。

5）焊接施工场地应有防风、防雨、防爆等设施，焊接环境温度过低时应采取预热措施，适当增加熔池在高温的停留时间。

6）气焊时选用中性焰或乙炔稍多的中性焰，并且在操作时加强熔池的搅拌。

7. 夹渣

（1）产生原因。

1）坡口角度小，焊接电流小，熔渣黏度大。

2）焊接速度快。

3）运条不当，熔池和熔池液态金属分离不清。

4）焊接过程中药皮成块脱落于熔池中而未被熔化。

5）多层多道焊时清渣未彻底等。

（2）预防措施。

1）选择合理的坡口尺寸。

2）正确选用焊接工艺参数。

3）不使用受潮变质的焊条。

4）焊工应采用正确的操作技术，焊接过程中应随时注意使熔渣与液态金属良好分离。

5）多层多道焊时应认真清理焊渣。

8. 未熔合

（1）产生原因。

1）焊接电流过大，使焊条过度发红而造成熔化太快，在母材边缘还没有达到熔化温度时，焊条的熔化金属已覆盖上去。

2）母材坡口或先焊的金属表面有铁锈、熔渣或污物未清除干净，焊接时未能将其熔化而盖上熔化金属。

3）电流过小或焊接速度过快，由于热量不够，致使母材坡口或先焊的焊缝金属来不及熔化。

4）焊件散热速度太快，或起焊温度低，使母材的开始端未熔化，从而产生未熔合。

5）操作不当或磁偏吹，使电弧热偏向一方，也容易产生未熔合。

（2）预防措施。

1）正确选择焊接规范，焊接电流不应过小，也不应过大。

2）按规程要求加工坡口，焊前对坡口、焊丝表面要仔细清理，清除铁锈、油污等。

3）焊接操作要正确，避免产生磁偏吹现象，保证各焊层处均匀加热，以利于防止未熔合。

4）对于散热速度快的焊件，可采取焊前预热，保持层间温度均匀。

5）具备一定空间位置的焊件，可选用手工钨极氩弧焊摇摆滚动法。

9. 未焊透

（1）产生原因。

1）坡口角度或间隙过小，钝边过大。

2）电弧太长或电弧偏吹。

3）焊条角度或运条方式不当，使熔池偏于一侧。

4）焊接电流太小。

5）焊接速度太快。

（2）预防措施。

1）正确选用和加工坡口尺寸，合理装配，保证间隙。

2）采用小直径焊条焊接。

3）适当增大电流。

4）降低焊接速度。

10. 焊瘤

（1）产生原因。

1）焊工操作技术技能差，运条不当，使用过长的电弧。

2）单面焊时电流过大，钝边小，间隙大，电弧停留时间过长，焊速慢等。

（2）预防措施。

1）选择合适的焊接参数和坡口尺寸。

2）提高焊工操作技能。

3）随时注意熔池形状，这在除平焊以外的其他位置焊接时尤为重要。

11. 塌陷

（1）产生原因。

1）工件装配间隙过大。

2）焊接电流过大。

（2）预防措施。

1）合理安排工件装配间隙。

2）适当减小焊接电流。

12. 烧穿

（1）产生原因。

1）工件装配间隙过大，钝边过小。

2）焊接电流太大。

3）焊接速度太慢。

4）电弧在某处停留时间过长，造成局部温度过高。

（2）预防措施。

1）减小根部间隙，加大钝边。

2）适当降低电流大小。

3）增大焊接速度。

4）电弧停留时间不要太长。

5.1.4 焊接缺陷的返修

1. 返修次数

关于返修次数的限制，因产品条件差异而有所不同，规定返修次数一般不超过 2~3 次。

2. 返修要点

（1）焊缝返修是在产品刚性拘束较大的情况下进行的，返修次数增加，会使金属晶粒粗大并且硬化，容易产生裂纹，力学性能也会降低。

（2）返修前应制定返修工艺，由有丰富经验的合格焊工担任返修工作，力争一次成功。

（3）正确地确定缺陷种类、部位、性质对保证返修质量至关重要。必要时，利用综合无损检验的方法对焊接缺陷定性定量分析。

（4）采用碳弧气刨清除缺陷时应防止夹碳、铜斑等缺陷，并注意及时清除上述缺陷及氧化皮。

（5）补焊时，应采用多层多道焊缝，且每层、每道焊缝的起始和收尾都应错开，焊后注意及时消除残余应力、去氢和改善焊缝组织处理。

（6）返修后的焊缝表面，应进行修磨，使其与原焊缝基本一致，圆滑过渡，以减少应力集中，避免裂纹。

（7）要求焊后热处理的工件应在热处理前返修，如在热处理后还需返修时，返修后应再做热处理。

（8）有抗晶间腐蚀要求的奥氏体不锈钢产品，返修后应保证原有设计要求。

3. 缺陷清除方法

焊接缺陷的清除可根据材质、板厚、缺陷产生的部位、大小等情况，选用手工铲磨、碳弧气刨、气割和机械加工等方法。

（1）手工铲磨。对于冷裂敏感性较强的 $\sigma_b \geqslant 400\text{MPa}$ 的普通低合金钢、高合金铬钼钢，耐腐蚀性要求高的不锈钢或复合钢板等，结构较复杂不易采用碳弧气刨的受压元件，当焊缝金属材料有表面缺陷和返修量小的内部缺陷时，可使用扁铲、风铲、风动或电动砂轮等方法去除缺陷并修磨坡口。

对于不锈钢材料用风铲时，为了提高效率，可用乙炔焰进行局部加热，但加热温度不应大于450℃，以防止出现敏化。

(2) 碳弧气刨。碳弧气刨是利用碳棒（石墨棒）与工件之间产生的电弧，将金属熔化。并用压缩空气将熔化的金属吹掉，达到清除缺陷的工艺方法。应用于：双面焊时清除背面带有缺陷的焊根；清除焊缝中已发现的缺陷；手工碳弧气刨用来为单件、不规则的焊缝加工坡口；自动碳弧气刨用来为较长的焊缝和环焊缝加工坡口。

碳弧气刨具有以下特点。

1) 对于施工受限制的部位，碳弧气刨优于风铲或砂轮。

2) 在清除焊缝的缺陷时，在电弧下可清楚地观察到缺陷的形状和深度，这是用风铲或砂轮所无法比拟的。同时，与用风铲或用砂轮时相比，噪声小，效率高。

3) 手工碳弧气刨的灵活性很大，可进行全位置操作。

4) 自动碳弧气刨精度高、稳定性好、偏差小；刨槽平滑均匀、刨槽边缘变形极小；刨削速度比手工碳弧气刨速度高几倍；碳棒消耗量比手工碳弧气刨少。

但是，碳弧气刨操作中碳弧有烟雾、粉尘污染及弧光辐射，且对于手工碳弧气刨的操作技术要求较高。

(3) 气割。气割是利用气体火焰的热能将工件切割处预热到一定温度后，喷出高速切割氧流，使金属燃烧并放出热量而实现切割的方法。

气割金属的金属氧化物的熔点应低于金属熔点，如纯铁、低碳钢、中碳钢和低合金钢以及钛等，其常用的金属如铸铁、不锈钢、铝和铜等，必须采用特殊的氧燃气切割方法（如熔剂切割）或熔化方法切割。

氧—乙炔焰气割主要用于一般结构受压元件。其特点是工艺性差，劳动强度大。对于易淬火的低合金高强度钢，应清除坡口过热或过烧金属后打磨出金属光泽，经着色检测无缺陷后才能预热并重新组装焊接。

(4) 机械加工。对于不能利用碳弧气刨工艺清除缺陷的焊缝，其内部存在大量缺陷或接头性能不合格时，在结构形状允许情况下，可在机床上进行机械加工来清除焊缝中的缺陷。这种加工方法可使坡口均匀，有利于自动焊。

5.2 焊接变形

物体在受到外力的作用时，会出现形状、尺寸的变化，这被称为变形。若在外力去除后，物体能回复原来的形状和尺寸，称为弹性变形，反之就为塑性变形。

5.2.1 焊接变形的分类

焊接变形因焊接接头的形式、钢板的厚薄、焊缝的长短、焊缝的形状及位置等原因，会出现各种不同形式的变形。焊接变形可分为整体变形和局部变形两大类。

1. 整体变形

整体变形指焊接时产生的遍及整个结构的变形，如弯曲变形和扭曲变形。

（1）弯曲变形。由于构件上焊缝分布不对称或构件断面形状不对称，焊缝的纵向收缩和横向收缩不均匀所产生的构件焊后挠曲称为弯曲变形，如图 5-12 所示。

（2）扭曲变形。装配质量不好、工件搁置不当、焊接顺序和焊接方向不合理，都可能引起扭曲变形，但根本原因还是焊缝的纵向收缩和横向收缩，如图 5-13 所示。

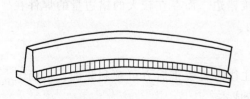

图 5-12　弯曲变形

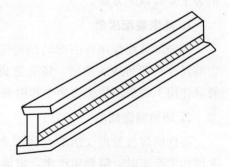

图 5-13　扭曲变形

2. 局部变形

局部变形仅发生在焊接结构的某一局部，如收缩变形、角变形、波浪变形。

（1）收缩变形。两板对接焊以后发生了长度缩短和宽度变窄的变形，这种变形称为收缩变形，如图 5-14 所示。沿焊缝长度方向的缩短是纵向缩短；垂直焊缝长度方向的缩短是横向缩短。

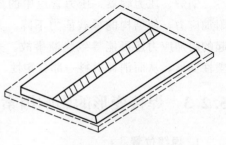

图 5-14　收缩变形

（2）角变形。焊后构件的平面围绕焊缝所产生的角位移，称为角变形。角变形是由于焊缝截面上宽下窄，使焊缝的横向收缩量上大下小而引起的，如图

5 - 15所示。

（3）波浪变形。薄板焊接，因不均匀加热，焊后产生的变形，或由几条平行的角焊缝横向收缩引起的波浪状变形，也称为翘曲变形，如图 5 - 16 所示。

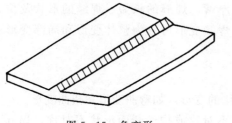
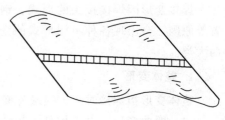

图 5 - 15　角变形　　　　　　　　　　图 5 - 16　波浪变形

5.2.2　焊接变形的危害

焊接变形是锅炉、压力容器、压力管道制造过程中经常出现的问题，它的危害主要有以下方面。

1. 降低装配质量

由局部装配焊接所引起的结构变形，将影响到整体结构的装配质量，不仅影响尺寸精度和外观质量，还会造成焊接错边。而存在较大的错边量的焊件在外载作用下将会产生应力集中和附加应力。

2. 增加制造成本

部件的焊接变形使组装变得困难，往往需要矫正后方可顺利装配，从而大大增加生产工时，降低生产率，增加制造成本。

3. 降低结构的承载能力

锅炉、压力容器、压力管道中的焊接变形在外载作用下会引起应力集中和附加应力，使结构的承载能力下降。尤其应当引起重视的是，角变形过大而引起的附加应力还可能导致脆断事故。另外，由于冷矫使焊接接头区域经受拉伸塑性变形，从而消耗材料一部分塑性，使材料的力学性能有所下降。

5.2.3　焊接变形的影响因素

1. 焊缝位置

在焊件刚性不大时，焊缝在焊件中不对称布置，易引起弯曲变形。焊缝截面重心与焊接接头重心不重合易引起角变形。焊缝在焊件中对称布置，焊缝截面重心与焊接接头重心重合，若施焊顺序合理，则只产生纵向和横向收缩变形。

2. 焊缝长度和坡口形式

焊缝越长，焊缝焊后变形越大。坡口内的空间越大，填充金属量越大，焊缝截面积越大，变形就增加。不开坡口变形量小，装配间隙增加，焊接变形也增加。

3. 结构的刚性

刚性是指抵抗变形的能力。刚性越大，变形越小。如板材越厚、越短刚性就大，焊接时变形就小。对于一个焊接结构，结构刚性越大，焊接后变形就越小。一般来说，结构总体刚性比部件刚性大。因此采用总体装配后再进行焊接可以减小变形。

4. 焊接线能量

焊接过程中采用的线能量越大，产生的热压缩塑性变形也越大，因此焊接变形增加。选用线能量较低的焊接方法和焊接规范可有效地防止和减小焊后变形。一般来说，埋弧焊比焊条电弧焊线能量大，二氧化碳气体保护焊比焊条电弧焊线能量小，薄板焊接时若采用二氧化碳气体保护焊，对减小变形是有利的。

5. 焊接工艺参数的影响

焊接变形随焊接电流的增大而增大；随着焊接速度的加快而减小。

5.2.4　焊接变形的减小措施

1. 反变形法

在焊接前对焊件施加具有大小相同、方向相反的变形，以抵消焊后发生的变形的方法，称为反变形法。主要用来减小板的角变形和梁的弯曲变形。

常用的反变形法有下料反变形法和装配反变形法。

（1）下料反变形法。下料反变形法是指在刚性较大的工件下料时，将工件制成预定大小和方向的反变形。如桥式起重机的主梁焊后会引起下挠的弯曲变形，通常采用腹板预制上拱的方法来解决，如图5-17所示。

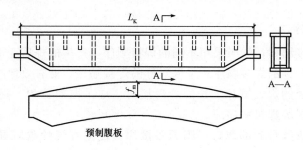

图5-17　下料反变形法

（2）装配反变形法。在焊前进行装配时，为抵消或补偿焊接变形，先将工件向与焊接变形的相反方向进行人为的变形，焊接后，由于焊缝本身的收缩，工件应恢复到预定的形状和位置，这种方法叫做反变形法，如图 5-18 所示。

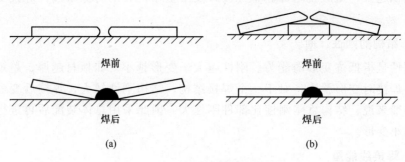

图 5-18 板材对焊的焊接变形

（a）未采取措施；（b）采取装配反变形法

2. 刚性固定法

当焊件刚性较小时，利用外加刚性约束来减小焊件焊后变形的方法，称为刚性固定法。刚性固定的方法很多，可采用专用的胎具，也可采用简单的夹具和支撑，或把焊件固定在刚性平台上等。刚性固定法焊后应力大，不适用于容易裂的金属材料和结构的焊接。

3. 强制冷却法

采取强制冷却来减少受热区的宽度，能达到减少焊接变形的目的。

（1）将焊缝四周的工件浸在水中。

（2）用铜块增加工件的热量损失。

4. 锤击法

锤击焊缝金属，可使热压缩塑性变形区的金属得到适当延展，抵消了焊缝的收缩，从而减小焊接变形量。为了防止焊接裂纹的产生，锤击应在焊缝塑性较好的热态时进行，注意避开兰脆温度。为保持焊缝的美观，表层焊缝一般不锤击。

5. 控制顺序法

同样的焊接结构，如果采用不同的焊接顺序，产生的焊后变形则不相同。

（1）采用对称的焊接顺序。采取对称的焊接顺序，能有效地减少焊接变形。

（2）长焊缝的焊接顺序。长焊缝焊接时，应采取对称焊、逐步退焊、分段逐步退焊、跳焊等焊接顺序。

（3）先焊收缩量大的焊缝。因为对接焊缝比角焊缝的收缩量大，如果一个结构中既有对接焊缝，又有角焊缝，则应先焊对接焊缝，后焊角焊缝。

6. 预留收缩余量法

焊件焊后纵向和横向收缩，可以通过在下料时预先留出收缩余量进行控制。预留量的大小可根据理论估算和生产实际经验相结合来确定。

7. 结构合理设计法

焊缝布置、坡口型式和尺寸的选择对预防和减小焊接变形将起重要作用。从节约材料，制造方便和使用安全考虑，应尽可能减少焊缝的数量和长度；避免焊缝集中，使其尽可能对称分布，最好使焊缝对称于结构截面的中性轴，或使焊缝接近于中性轴；应尽量采用小而对称的焊缝坡口形式；角焊缝焊脚尺寸不宜过大。

5.2.5　焊接变形的矫正方法

各种矫正方法就其本质来说，都是设法造成新的变形去抵消已经产生的焊接变形。生产中常用的矫正方法有机械矫正法和火焰矫正法。

1. 机械矫形法

机械法矫正变形是利用外力使构件产生与焊接变形方向相反的塑性变形，以抵消焊接变形。机械矫正的基本原理是将工件变形后尺寸缩短的部分加以延伸，并使之与尺寸较长的部分相适应，恢复到所要求的形状，因此只有对塑性材料才适用。可采用辊床、液压压力机、矫直机和锤击等方法。常用的机械有压力机、滚床、顶床、千斤顶等。

薄板波浪变形，主要是由于焊缝区的纵向收缩所致，因而沿焊缝进行锻打，使焊缝得到延伸即可达到消除薄板焊后波浪变形的目的，如图 5-19 所示。

2. 火焰矫正法

将变形构件局部加热到 $600 \sim 800℃$，然后让其自然冷却或强制冷却。有点状加热矫正、线状加热矫正和三角形加热矫正等。

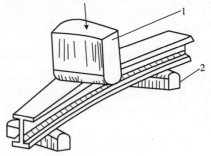

图 5-19　机械矫正法
1—压头；2—支承

火焰矫正法常用于薄板结构的变形矫正，它是使用气焊火焰中性焰在工件适当的部位加热，利用金属局部的收缩所引起的新变形，去矫正各种已产生的焊接变形，从而达到使工件恢复正确形状和尺寸的目的。火焰矫正法主要用于低碳钢和低合金钢，一般加热温度在 $600 \sim 800℃$。

火焰矫正是一项技术性很强的操作，要根据结构特点和矫正变形的情况，确定加热方式和加热位置，并要目测控制加热区的温度，才能获得较好的矫正效果。常用的加热方式有点状加热、线状加热和三角形加热三种。

（1）点状加热。火焰集中在一个较小的区域内加热，称为点状加热。加热点间的距离 a 应随变形量的大小而调整，变形量越大，a 越小。一般在 $50\sim100$mm 之间。加热点直径一般不小于 15mm。为提高矫正速度和避免冷却后在加热点产生小泡突起，往往在加热每一点后，立即用木锤锻打加热点及其周围，然后浇水冷却。点状加热矫形适合于矫正厚度在 8mm 以下钢板的波浪变形。

（2）线状加热。火焰沿着直线方向移动，或者同时在宽度方向上作横向摆动，形成带状加热，均称为线状加热。线状加热主要用于矫正角变形和弯曲变形。加热宽度一般取钢板厚度的 $0.5\sim2$ 倍。线状加热多用于变形较大或刚性大的结构。

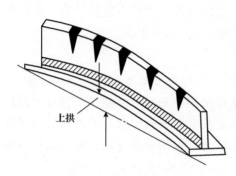

上拱

图 5 - 20　三角形加热

（3）三角形加热。三角形加热常用于矫正厚度较大、刚性较大工件的弯曲变形，可用多个气焊火焰同时进行加热。加热区呈三角形，利用其横向宽度不同产生收缩不同的特点矫正变形，如 T 形梁由于焊缝不对称产生弯曲时，可在腹板外缘处进行三角形加热，如图 5 - 20 所示。若第一次加热后还有上拱，则须进行第二次加热，第二次加热位置应选在第一次加热区之间。

项目 6 ... 焊接与切割作业劳动卫生防护

人们在生产劳动中的卫生问题是如何创造安全、卫生的劳动环境，同时避免或减轻劳动给人们所带来的危害。焊接中的劳动卫生问题，综合为两点：一是注意在焊接、切割中的安全，预防工伤事故的发生；二是注意焊接、切割过程中如何对有害因素加以控制，从而预防职业病的发生。

6.1 焊接与切割作业的有害因素

电焊作业有害因素是指在电焊焊接和切割及相关工艺过程中产生的，经接触或吸入后对电焊作业人员健康产生危害的因素。电焊作业有害因素能产生危害有其先决条件，首先，有害物质要有一定的浓度或强度，并超过职业接触限值时才会危害健康；其次，它们能被人体吸收，在体内蓄积一定量时才产生损伤效应，导致机体或组织器官损伤和功能障碍。

金属材料在焊接过程中的有害因素，总体来说有七大类，分别为弧光辐射、焊接烟尘、有毒气体、射线、噪声、高频电磁辐射和热辐射等。这些有害因素往往与材料的化学成分、焊接方法、焊接工艺规范等有关。按性质分为物理因素——弧光辐射、射线、噪声、高频电磁场、热辐射等；化学因素——焊接烟尘、有毒气体等。

6.1.1 有害因素的种类

1. 弧光辐射的来源

焊接过程中的弧光辐射由紫外线、可见光和红外线等组成。它们是由物体加热而产生的，属于热线谱。例如，在生产环境中，凡是物体的温度达到1200℃时，辐射光谱中都可出现紫外线。随着物体温度增高，紫外线的波长变

建筑焊工

短，其强度增大。

电弧燃烧时，一方面产生高热，另一方面同时产生强光，两者在工业上都得到应用。电弧的高热可以进行电弧切割、焊接和炼钢等。然而，焊接电弧作为一种很强的光源，会产生很强的弧光辐射，这种弧光辐射对人体能够造成伤害。

弧光波长范围见表 6-1。

表 6-1 　　　　　　　　　　焊接弧光的波长范围 　　　　　　　　　单位：mm

红外线	可见光线		紫外线
	赤、橙、黄、绿、蓝、靛、紫		
1400～760	760～400		400～200

焊条电弧焊的弧温为 5000～6000℃，因而可产生较强的光辐射。但由于焊接烟尘的吸收作用，使光辐射强度比气体保护电弧焊及等离子弧焊弱一些。

钨极氩弧焊的烟尘量较小，因此其光辐射强度高于焊条电弧焊。熔化极氩弧焊电流密度很大，其功率可为钨极氩弧焊功率的 5 倍多，因而它的弧温更高，光辐射强度大于钨极氩弧焊的光辐射强度。钨极氩弧焊光辐射强度为焊条电弧焊光辐射强度的 5 倍以上。熔化极氩弧焊光辐射强度约为焊条电弧焊的 20～30 倍。

等离子弧焊的弧温更高，可达 16 000～33 000℃。其光辐射强度高于氩弧焊和焊条电弧焊。

二氧化碳气体保护焊光辐射强度为焊条电弧焊辐射强度的 2～3 倍，其主要成分为紫外线辐射。

2. 射线的来源

焊接工艺过程中的放射性危害，主要指氩弧焊与等离子弧焊的钍放射性污染和电子束焊接时的 X 射线。

电离辐射是指运动中的粒子或电磁波，具有足够的能量辐射，能在物质中产生离子。电离辐射包括 X 射线、α 射线、β 射线、γ 射线、中子、电子束及各类放射性核素。

某些元素不需要外界的任何作用，它们的原子核就能自行放射出具有一定穿透能力的射线，此谓放射现象。将元素这种性质称为放射性，具有放射性的元素称为放射性元素。

氩弧焊和等离子弧焊使用的钍钨棒电极中的钍，是天然放射性物质，能放射出 α、β、γ 三种射线，其中 α 射线占 90%，β 射线占 9%，γ 射线占 1%。在氩弧焊与等离子弧焊焊接工作中，使用钍钨极会导致放射性污染的发生。其原

项目6 焊接与切割作业劳动卫生防护

因是在施焊过程中，由于高温将钍钨极迅速熔化部分蒸发，产生钍的放射性气溶胶、钍射气等。同时，钍及其衰变产物均可放射出 α、β、γ 射线。

真空电子束焊机工作时，由于电子束轰击工件（金属）而发射 X 射线，这是射线的主要来源。

3. 噪声的来源

噪声是各种不同频率和强度的声波无规律地杂乱组合产生的声音。噪声存在于一切焊接工艺中，其中以等离子切割、等离子喷涂等的噪声强度更高。噪声已经成为某些焊接与切割工艺中存在着的主要职业性有害因素。

在等离子喷涂和切割等过程中，工作气体与保护气体以一定的速度流动。等离子焰流从喷枪口高速喷出，在工作气体与保护气体不同流速的流层之间，在气流与静止的固体介质之间，在气流与空气之间，都会发生周期性的压力起伏、振动及摩擦等，于是就产生噪声。

等离子切割和喷涂工艺都要求有一定的冲击力，等离子流的喷射速度可达 10 000m/min，噪声强度较高，大多在 100dB（A）以上。尤以喷涂作业为高，可达 123dB（A）。

4. 高频电磁辐射的来源

频率在 100～300kHz 频段范围的电磁波称为高频电磁场，属于射频辐射。随着氩弧焊接和等离子弧焊接的广泛应用，在焊接过程中存在着一定强度的电磁辐射，构成对局部生产环境的污染。因此，必须采取安全措施妥善解决。

钨极氩弧焊和等离子弧焊为了迅速引燃电弧，需由高频振荡器来激发引弧，此时，振荡器要产生强烈的高频振荡，击穿钍钨极与喷嘴之间的空气隙，引燃等离子弧；另有一部分能量以电磁波的形式向空间辐射，即形成高频电磁场。所以在引弧的瞬间（2～3s）有高频电磁场存在。

在氩弧焊接和等离子弧焊接时，高频电磁场场强的大小与高频振荡器的类型及测定时仪器探头放置的位置与测定部位之间的距离有关。焊接时高频电磁辐射场强分布的测定结果见表 6-2。

表 6-2　　　　　　　　手工钨极氩弧焊接时高频电场强度　　　　　　单位：V/m

操作部位	头	胸	膝	踝	手
焊工前	58～66	62～76	58～86	58～96	106
焊工后	38	48	48	20	1
焊工前 1m	7.6～20	9.5～20	5～24	0～23	1
焊工后 1m	7.8	7.8	2	0	1
焊工前 2m	0	0	0	0	0
焊工后 2m	0	0	0	0	0

5. 热辐射的来源

在高温（热辐射）并伴有强烈辐射或高温、高湿环境下进行生产劳动称为高温作业，这种高温环境称为高温作业环境。

焊接过程是应用高温热源加热金属进行联结的，所以在施焊过程中有大量的热能以辐射形式向焊接作业环境扩散，形成热辐射。

电弧热量的 20％～30％要逸散到施焊环境中去，因而可以认为焊接弧区是热源的主体。焊接过程中产生的大量热辐射被空气媒质、人体或周围物体吸收后，这种辐射就转化为热能。

某些材料的焊接，要求施焊前必须对焊件预热。预热温度可达 150～700℃，并且要求保温。所以预热的焊件，不断向周围环境进行热辐射，形成一个比较强大的热辐射源。

焊接作业场所由于焊接电弧、焊件预热以及焊条烘干等热源的存在，致使空气温度升高，其升高的程度主要取决于热源所散发的热量及环境散热条件。在窄小空间或舱室内焊接时，由于空气对流散热不良，将会形成热量的蓄积，对机体产生加热作用。另外，在某一作业区若有多台焊机同时施焊，由于热源增多，被加热的空气温度就更高，对机体的加热作用就将加剧。

6. 焊接烟尘的来源

广义地说，所有焊接操作都产生气体和粉尘两种污染物，其中焊条电弧焊的焊接烟尘危害最大。多年来虽然发展了不少焊接新工艺，如埋弧焊、气体保护电弧焊、电渣焊、电阻焊和等离子弧焊等，然而由于药皮焊条电弧焊具有灵活、可靠、设备简便、适应性大的优点，所以至今应用仍最为广泛，约占我国全部焊接工作量的 70％以上，从事相关工作的人数也最多。焊接烟尘是焊条电弧焊主要有害因素之一，应作为焊接劳动卫生工作的一个重点。

在温度高达 3000～6000℃的电气焊过程中，焊接原材料中金属元素的蒸发气体，在空气中迅速氧化、冷凝，从而形成金属及其化合物的微粒。直径小于 $0.1\mu m$ 的微粒称为烟，直径在 $0.1～10\mu m$ 的微粒称为尘。这些烟和粉尘的微粒飘浮在空气中便形成了烟尘。

电焊烟尘的化学成分取决于焊接材料和母材成分及其蒸发的难易程度。熔点和沸点低的成分蒸发量较大。熔化金属的蒸发，是焊接烟尘的重要来源。低氢型焊条焊接时，还会产生有毒的可溶性氟。低氢型焊条发尘量约为酸性焊条的两倍。不同药皮类型焊接烟尘的成分见表 6-3，常用焊条的发尘量见表 6-4。

表6-3　　　　　　　　常用结构钢焊条烟尘的化学成分　　　　　单位:%

焊条型号	烟尘成分										
	Fe_2O_3	SiO_2	MnO	TiO_2	CaO	MgO	Na_2O	K_2O	CaF_2	KF	NaF
E4313	45.31	21.12	6.97	5.18	0.31	0.25	5.81	7.01	—	—	—
E4303	48.12	17.93	7.18	2.61	0.95	0.27	6.03	6.81	—	—	—
E5015	24.93	5.62	6.30	1.22	10.34	—	6.39	—	18.92	7.95	13.71

表6-4　　　　　　　　　　　常用焊条发尘量

焊条型号（牌号）	药皮类型	直径/mm	电流/A	发尘量/(g/kg)
E4303	钛钙型	4	—	7.30
E5015	低氢钠型	4	—	15.60
奥407	低氢钠型	4	170	12.02
铬207	低氢钠型	4	160~170	10.18
热317	低氢钠型	4	180	14.03
堆256	低氢钾型	4	170	18.10

7. 有毒气体的来源

在焊接电弧的高温和强烈紫外线作用下，在弧区周围形成多种有毒气体，其中主要有臭氧、氮氧化物、一氧化碳和氟化氢等。

（1）臭氧。空气中的氧在短波紫外线的激发下，大量地被破坏，生成臭氧（O_3），其化学反应过程如下

$$O_2 \xrightarrow{\text{短波紫外线}} 2O \qquad (6-1)$$

$$2O_2 + 2O === 2O_3 \qquad (6-2)$$

臭氧是一种有毒气体，呈淡蓝色，具有刺激性气味。浓度较高时，发出腥臭味；浓度特别高时，发出腥臭味并略带酸味。

（2）氮氧化物。氮氧化物是由于焊接电弧的高温作用引起空气中氮、氧分子离解，并重新结合而形成的。

氮氧化物的种类很多，在明弧焊中常见的氮氧化物为二氧化氮，因此，常以测定二氧化氮的浓度来表示氮氧化物的存在情况。

二氧化氮为红褐色气体，相对密度1.539，遇水可变成硝酸或亚硝酸，产生强烈刺激作用。

（3）一氧化碳。各种明弧焊都会产生一氧化碳等有害气体，其中以二氧化碳保护焊产生的一氧化碳（CO）的浓度最高。一氧化碳的主要来源是由于二氧

化碳气体在电弧高温作用下发生分解而形成的，其化学反应过程如下

$$CO_2 \xrightarrow{\text{电弧高温}} CO + [O] \tag{6-3}$$

一氧化碳为无色、无臭、无味、无刺激性的气体，相对密度0.967，不易溶于水，但易溶于氨水，也不为活性炭所吸收。

（4）氟化氢。氟化氢主要产生于焊条电弧焊中。在低氢型焊条的药皮里通常都含有萤石（CaF_2）和石英（SiO_2），在电弧高温作用下形成氟化氢气体。

氟及其化合物均有刺激作用，其中以氟化氢作用最为明显。氟化氢为无色气体，相对密度0.7，极易溶于水形成氢氟酸，两者的腐蚀性均强，毒性剧烈。

6.1.2 有害因素的危害

1. 弧光辐射的危害

光辐射是能的传播方式。辐射波长与能量成反比关系。波长越短，每个量子所携带的能越大，对肌体的作用亦越强。

光辐射作用到人体上，被体内组织吸收，引起组织的热作用、光化学作用或电离作用，致使人体组织发生急性或慢性的损伤。

（1）紫外线。一般将波长200～400nm的电磁波称为紫外辐射，也就是我们通常所说的紫外线。适量的紫外线对人体健康是有益的，但焊接电弧产生的强烈紫外线的过度照射，对人体健康有一定的危害。

紫外线对人体的影响是造成皮肤和眼睛的损伤。

1）对皮肤的损伤。不同波长的紫外线，可为皮肤不同深度组织所吸收。皮肤受强烈紫外线作用时，可引起皮炎，弥漫性红斑，有时出现小水泡，渗出液体并浮肿，有热灼感，发痒。

2）电光性眼炎。紫外线过度照射引起眼睛的急性角膜炎称为电光性眼炎。这是明弧焊直接操作和辅助工人的一种特殊职业性眼病。波长很短的紫外线，尤其是320nm以下的，能损害结膜与角膜，有时甚至伤及虹膜和网膜。

3）对纤维的破坏。焊接电弧的紫外线辐射对纤维的破坏能力很强，其中以棉织品最为严重。光化学作用的结果，可致棉布工作服氧化变质而破碎，有色印染物显著褪色。这是明弧焊工棉布工作服不耐穿的原因之一，尤其是在氩弧焊、等离子弧焊等操作时更为明显。

（2）红外线。在光谱中波长自0.76～400μm的一段称为红外线，红外线是不可见光线。所有温度高于绝对零度（-273℃）的物质都可以产生红外线，故物理学称之为热射线。红外线是能量较小的电磁波。

红外线对人体的影响是造成皮肤和眼睛的损伤。

1）对皮肤的影响。红外线照射皮肤时，大部分可被吸收。红外线对人体主

要产生热效应，对人体皮肤、皮下组织具有强烈的穿透力，红外线光能可透入人体皮肤达 $3\sim8cm$。小剂量红外线对人体健康的作用为加强血液循环和组织代谢，具有消炎、镇痛作用。一定强度的红外线可使人的皮肤细胞产生色素沉着，预防人体深层组织细胞过热；大剂量红外线多次照射皮肤时，可产生褐色大理石样的色素沉着，这与热作用加强了皮肤基底细胞层中黑色素细胞的色素形成有关。超强度红外线通过其热辐射效应会使皮肤温度升高、毛细血管扩张、充血、表皮水分蒸发，从而直接对皮肤造成不良影响，主要表现为红色丘疹、皮肤过早衰老、皮肤色素紊乱、深部组织灼伤等。红外线对皮肤的损害作用是由于分子振动和温度升高所引起的。

2）对眼睛的损伤。红外线对眼睛的损伤主要在晶状体和视网膜黄斑部，导致晶状体蛋白质变性、晶体混浊和视网膜灼伤。长期接触低能量红外线，可致慢性充血性睑缘炎。波长在 $0.8\sim1.2\mu m$ 的短波红外线可透过角膜进入眼球、房水、虹膜、晶状体和玻璃体，长期接触会损伤晶状体而产生混浊，导致视力障碍，甚至发生白内障，称之为"红外线白内障"。

（3）可见光线。焊接电弧的可见光线的光度，比肉眼正常承受的光度大约高 10 000 倍，被照射后眼睛疼痛，看不清东西，通常叫电焊"晃眼"，使人短时间内失去劳动能力，长时期照射会导致视力减弱。

2. 射线的危害

人体内水分占体重的 $70\%\sim75\%$。水分能吸收绝大部分射线辐射能，只有一小部分辐射能直接作用于机体蛋白质。当人体受到的辐射剂量不超过容许值时，射线不会对人体产生危害。但是人体长期受到超容许剂量的外照射，或者放射性物质经常少量进入并蓄积在体内，则可能引起病变，造成中枢神经系统、造血器官和消化系统的疾病，严重者可患放射病。

氩弧焊和等离子弧焊在焊接操作时，基本的和主要的危害形式是钍及其衰变产物呈气溶胶和气体的形式进入体内。钍的气溶胶具有很高的生物学活性，它们很难从体内排出，从而形成内照射。真空电子束焊接过程中产生的 X 射线，具有一定的穿透能力，焊接操作中需要观察焊件，进行调距和对线等，这些操作往往要靠近电子束而使操作者接触到 X 射线。实际测量结果表明，真空电子束发射的 X 射线光子能量比较低，这种低能量的 X 射线，一般对人体只会造成外照射，其危害程度较低。主要是引起眼睛晶状体和皮肤的损伤，长期受超容许剂量照射可产生放射性白内障和放射性皮炎等。如果操作者长期接受较高能量的 X 射线照射，则可引起慢性辐射损伤，出现神经衰弱症候群和白细胞下降等疾患。

3. 噪声的危害

噪声对人的危害程度，与下列因素有直接关系：噪声的频率及强度，噪声频率越高，强度越大，危害越大；噪声源的性质，在稳态噪声与非稳态噪声中，稳态噪声对人体作用较弱；暴露时间，在噪声环境中暴露时间越长，则影响越大。此外，还与工种、环境和身体健康情况有关。

噪声在下列范围内不会对人体造成危害：频率小于 300Hz 的低频噪声，容许强度为 90～100dB（A）；频率在 300～800Hz 的中频噪声，容许强度为 85～90dB（A）；频率大于 800Hz 的高频噪声，容许强度为 75～85dB（A）。噪声超过上述范围时将造成如下伤害。

（1）噪声性外伤。突发性的强烈噪声，例如，爆炸、发动机起动等，能使听觉器官突然遭受到极大的声压而导致严重损伤，出现眩晕、耳鸣、耳痛、鼓膜内凹、充血等，严重者造成耳聋。

（2）噪声性耳聋。这是由于长期连续的噪声而引起的听力损伤，是一种职业病。有两种表现：一种是听觉疲劳，在噪声作用下，听觉变得迟钝、敏感度降低等，脱离环境后尚可恢复；另一种是职业性耳聋，自觉症状为耳鸣、耳聋、头晕、头痛，也可出现头胀、失眠、神经过敏、幻听等症状。

（3）对神经、血管系统的危害。噪声作用于中枢神经，出现头昏、头痛、烦躁、易疲倦、心悸、睡眠障碍、记忆力减退、情绪不稳定、反应迟缓及工作效率降低等表现。噪声作用于血管系统，出现血压不稳或增高，心跳加快或减慢，心律不齐等表现。心电图检查异常，常呈现缺血性改变。脑血流图检查提示血管紧张度增高，血管弹性减低。对消化系统，出现胃肠功能紊乱、食欲不振、胃液分泌减少等。噪声还可对前庭功能、内分泌及免疫功能产生不良影响。

4. 高频电磁辐射的危害

人体在高频电磁场的作用下，能吸收一定的辐射能量，产生生物学效应，这就是高频电磁场对人体的"致热作用"。此"致热作用"对人体健康有一定影响，长期接触场强较大的高频电磁场的工人，会引起头晕、头痛、疲乏无力、记忆减退、心悸、胸闷、消瘦和神经衰弱及植物神经功能紊乱。血压早期可有波动，严重者血压下降或上升（以血压偏低为多见），白血球总数减少或增多，并出现窦性心律不齐、轻度贫血等。

正常情况下，钨极氩弧焊和等离子弧焊时，每次启动高频振荡器的时间只有 2～3s，每个工作日接触高频电磁辐射的累计时间在 10min 左右。接触时间又是断续的，因此高频电磁场对人体的影响较小，一般不足以造成危害。但是，考虑到焊接操作中的有害因素不是单一的，所以仍有采取防护措施的必要。对于高频振荡器在操作过程中连续工作的情况，必须采取有效和可靠的防护措施。

在不停电状态下更换焊条时，高频电会使焊工产生一定的麻电现象，这在高空作业时是很危险的。所以，高空作业不准使用带高频振荡器的焊机进行焊接。

项目6　焊接与切割作业劳动卫生防护

5. 热辐射的危害

研究表明，当焊接作业环境气温低于 15℃时，人体的代谢增强；当气温在 15～25℃时，人体的代谢保持基本水平；当气温高于 25℃时，人体的代谢稍有下降；当气温超过 35℃时，人体的代谢将又变得强烈。总的来看，在焊接作业区，影响人体代谢变化的主要因素有气温、气流速度、空气的湿度和周围物体的平均辐射温度。在我国南方地区，气温在夏季很高，且潮湿多雨，应注意因焊接加热局部环境的空气问题。

正常情况下，人体在 15～20℃环境中裸露静坐时，蒸发散热量占总散热量的 25%，对流散热量占 12%，辐射散热量占 60%，传导散热量占 3%。总之，人体的产热量和散热量处于平衡状态。当环境温度超过体表温度时，劳动时间过长，体内产热、受热明显超过散热，形成体内蓄热。当超过人体的耐高温能力时，可发生中暑性疾病。

热辐射对人体健康的影响主要为长期在高温环境中，受到高气温和热辐射的影响，机体因热平衡和水盐代谢紊乱等而导致中枢神经系统和心血管系统障碍，主要表现为心率加快、血压升高、消化功能及水盐代谢紊乱；并可出现蛋白尿、管型尿，尿素氮升高，严重者可出现急性肾衰竭。同时，在身体大量出汗的情况下，人体电阻大大下降会增加人体触电的危险性。

6. 焊接烟尘的危害

电焊烟尘的主要成分是铁、硅、锰，其中主要毒物是锰。铁、硅等的毒性虽然不大，但其尘粒极细（5μm 以下），在空中停留的时间较长，容易吸入肺内。在密闭容器、锅炉、船舱和管道内焊接，烟尘浓度较高，如果没有相应的通风除尘措施，长期接触上述烟尘就会形成电焊工尘肺、锰中毒和金属热等职业病。

（1）电焊工尘肺。电焊工尘肺是指由于长期吸入超过规定浓度的能引起肺组织弥漫性纤维化的电焊烟尘和有毒气体所致的疾病。1987 年国家将"电焊工尘肺"正式规定为职业病。近年来，由于焊接工艺的进展，新的焊接材料成分复杂，经现场分析，证明焊接区周围空气中除大量氧化铁或铝等粉尘之外，尚有多种具有刺激性和促使肺组织纤维化的有毒因素，如硅、硅酸盐、锰、铬、氟化物及其他金属氧化物。此外，还有臭氧、氮氧化物等混合烟尘及有毒气体。虽然人体对粉尘具有良好的防御能力，但如果防尘措施不好，长期吸入浓度较高的粉尘，仍可产生对肌体不良的影响，形成焊工尘肺。

电焊工尘肺的发病一般比较缓慢，多在接触焊接烟尘 10 年后发病，有的长达 15～20 年以上。发病主要表现为呼吸系统症状，如气短、咳嗽、咳痰、胸闷和胸痛等，部分电焊尘肺患者可呈无力、食欲减退、体重减轻以及神经衰弱症候群（如头痛、头晕、失眠、嗜睡、多梦、记忆力减退等）。同时电焊尘肺对肺功能也有影响。

（2）锰中毒。锰蒸气在空气中能很快地氧化成灰色的一氧化锰（MnO）及棕红色的四氧化三锰（Mn_3O_4）。长期吸入超过允许浓度的锰及其化合物的微粒和蒸汽，可造成锰中毒。锰的化合物和锰尘是通过主要呼吸道侵入机体的。

慢性锰中毒。早期表现为疲劳乏力，时常头痛头晕、失眠、记忆力减退，以及植物神经功能紊乱，如舌、眼睑和手指的细微震颤等。若中毒进一步发展，神经精神症状会更明显，而且转弯、跨越、下蹲等都较困难，走路时表现为左右摇摆或前冲后倒，书写时呈"小书写症"等。

急性锰中毒。吸入高浓度锰化合物烟尘可引起急性中毒，表现为呼吸系统刺激性症状，重者会出现呼吸困难、精神紊乱等。少数人由于在相对密闭的环境、缺乏局部通风换气或个人防护用品的条件下电焊作业，吸入大量含氧化锰的烟尘，可引起金属热。

（3）金属热。金属热是因吸入高浓度新生成的金属氧化物烟所引起的，以典型性骤起体温升高和白细胞计数增多等为主要表现的急性全身性疾病。金属热最常发生在焊接镀锌钢板和焊接涂有富锌底漆钢材等作业之后。

焊接金属烟尘中直径在 $0.05\sim0.5\mu m$ 的氧化铁、氧化锰、氧化锌微粒和氟化物等，容易通过上呼吸道进入末梢细支气管和肺泡，引起焊工金属热反应。金属热一般在吸入电焊烟尘后 $4\sim8h$ 发病，受凉、劳累可为发病诱因。多见于在船舱、储罐、反应釜内等通风不良，又没有有效的防尘防毒措施的条件下从事电焊或切割作业的工人。金属热的症状早期可表现为口内金属味、头晕、头痛、全身乏力、食欲不振、咽干、干咳、胸闷、气短、肌肉痛、关节痛、呼吸困难、继之出现发冷、寒战、体温升至 $38\sim39℃$ 或更高。第二天早晨经发汗后症状会有所减轻，一般 $2\sim3d$ 后症状消失。

7. 有毒气体的危害

（1）臭氧。臭氧会对人体的呼吸道及肺部产生强烈的刺激作用。臭氧浓度超过一定限度时，往往会引起咳嗽、胸闷、食欲不振、疲劳无力、头晕、全身疼痛等症状。特别是在密闭容器内焊接而又通风不良时，可引起支气管炎。

此外，臭氧容易同橡皮、棉织物起化学反应，高浓度、长时间接触可使橡皮、棉织品老化变性。在 $13mg/m^3$ 浓度作用下，帆布可在半个月内出现变性，这也是棉织工作服易破碎的原因之一。

我国卫生标准规定，臭氧最高允许浓度为 $0.3mg/m^3$。臭氧是氩弧焊产生的主要有害气体，在没有良好通风的情况下，焊接工作地点的臭氧浓度往往高于卫生标准的几倍、十几倍甚至更高。但只要采取相应的通风措施，就可大大降低臭氧浓度，使之符合卫生标准。

臭氧对人体的作用是可逆的。由臭氧引起的呼吸系统症状，一般在脱离接触后均可得到恢复，恢复期的长短取决于臭氧影响程度的大小，以及人的体质。

（2）氮氧化物。氮氧化物属于具有刺激性的有毒气体。氮氧化物会对人体的肺部产生刺激作用。氮氧化物的水溶性较低，被吸入呼吸道后，由于黏膜表面并不十分潮湿，对上呼吸道黏膜刺激性不大，对眼睛的刺激也不大，一般不会立即引起明显的刺激性症状。但高浓度的二氧化氮吸入到肺泡后，由于湿度增加，反应加快，在肺泡内约可滞留 80%，逐渐与水作用形成硝酸与亚硝酸。化学方程式为

$$3NO_2 + H_2O = 2HNO_3 + NO \qquad (6-4)$$
$$N_2O_4 + H_2O = HNO_3 + HNO_2 \qquad (6-5)$$

硝酸和亚硝酸对肺组织有强烈的刺激作用及腐蚀作用，可增加毛细血管及肺泡壁的通透性，引起肺水肿。

我国卫生标准规定，氮氧化物（NO_2）的最高允许浓度为 $5mg/m^3$。氮氧化物对人体的作用也是可逆的，随着脱离作业时间的增长，其不良影响会逐渐减少或消除。

在焊接实际操作中，氮氧化物单一存在的可能性很小，一般都是与臭氧同时存在，因此它们的毒性倍增。一般情况下，两种有害气体同时存在比单一有害气体存在时，对人体的危害作用提高 15~20 倍。

（3）一氧化碳。一氧化碳（CO）是一种窒息性气体，对人体的毒性作用是使氧在体内的运输或组织利用氧的功能发生障碍，造成组织、细胞缺氧，表现出缺氧的一系列症状和体征。在日光作用下，一氧化碳和氧气能化合成光气。一氧化碳的毒性作用在于对血红蛋白有很强的结合能力，一氧化碳（CO）经呼吸道进入体内，由肺泡吸收进入血液后，与血红蛋白结合成碳氧血红蛋白。一氧化碳（CO）与血红蛋白的亲和力比氧与血红蛋白的亲和力大 200~300 倍，而离解速度又比氧和血红蛋白慢得多（相差 3600 倍），减弱了血液的带氧能力，使人体组织缺氧坏死。电气焊时都会产生一氧化碳气体，在进行二氧化碳气体保护焊时更为严重。

一氧化碳轻度中毒时表现为头痛、全身无力，有时并发呕吐、足部发软、脉搏增快、头昏等症状。中毒加重时表现为意识不清并转成昏睡状态。严重时会发生呼吸及心脏活动障碍、大小便失禁、反射消失、甚至能因窒息致死。

我国卫生标准规定，一氧化碳（CO）的最高允许浓度为 $30mg/m^3$。对于作业时间短暂的，可予以放宽。

（4）氟化氢。氟化氢常以二分子状态（H_2F_2）存在，是一种具有刺激气味的无色气体或液体，呈弱酸性，在空气中发出烟雾，具有十分强烈的腐蚀性和毒性。

用碱性焊条焊接时，药皮中的萤石在高温下会产生氟化氢气体。

氟化氢可被呼吸道黏膜迅速吸收，亦可经皮肤吸收而对全身产生毒性作用。吸入较高浓度的氟化氢气体或蒸气，可立即产生眼、鼻和呼吸道黏膜的刺激症状，引起鼻腔和咽喉黏膜充血、干燥、鼻腔溃疡等，严重时可发生支气管炎、肺炎等。

我国卫生标准规定，氟化氢的最高允许浓度为 $1mg/m^3$。

6.1.3 有害因素的预防

1. 弧光辐射的预防

弧光辐射的预防措施如下。

（1）焊接作业时必须按有关规定穿戴好工作服、鞋、帽、手套、眼镜等防护用品，不允许卷起衣袖、敞开衣领或将上衣扎在裤内。

（2）对于特殊焊接方法（如氩弧焊、等离子弧焊），应改变工作服（如毛料工作服）。

（3）为防止焊接弧光伤害他人，可在焊接作业场地周围设置具有耐火、隔热性能的防护屏风，引弧时要注意避闪和提示周围人员。同时，为了保护焊接工地其他人员的眼睛，一般在小件焊接的固定场所和有条件的焊接工地都要设立不透光的防护屏，以免作业区过于拥挤。其电焊防护屏应在 1000mm×2000mm 左右。

（4）焊接操作时必须使用适用、可靠且镶有特制滤光镜片的防护面罩。滤光镜片对强可见光、紫外线、红外线应有良好的吸收或反射能力，并根据焊工视力和焊接电流的强度加以选择。

（5）电焊工在施焊时，电焊机两极之间的电弧放电，将产生强烈的弧光，这种弧光能够伤害电焊工的眼睛，造成电光性眼炎。为了预防电光性眼炎，电焊工应使用符合劳动保护要求的面罩。面罩上的电焊护目镜片，应根据焊接电流的强度来选择，用合乎作业条件的遮光镜片，具体要求见表 6-5。

表 6-5 　　　　　　　　　　　**焊工护目遮光镜片选用表**

焊接切割种类	镜片遮光号			
	焊接电流/A			
	≤30	30～75	75～200	200～400
电弧焊	5～6	7～8	8～10	11～12
碳弧气刨	—	—	10～11	12～14
焊接辅助工	3～4			

（6）注意眼睛的适当休息。焊接时间较长，规模较大，应注意中间休息。如发现因电弧光引起电光性眼炎，一般可采用奶汁点治法、凉物敷盖法、凉水浸敷法和火烤治疗法进行治疗或去医院就医。

（7）电焊工在施焊过程中更换焊条时，严禁乱扔焊条头，以免灼伤他人和引起火灾事故发生。

（8）为防止在操作开关和闸刀时发生电弧灼伤，合闸时应将焊钳挂起来或放在绝缘板上，拉闸时必须先停止焊接工作。

2. 射线的预防

射线防护主要是防止含钍的气溶胶和粉尘等进入体内。射线的预防措施如下。

（1）综合性防护。如对施焊区实行密闭，用薄金属板制成密闭罩，将焊枪和焊件置于罩内，罩的一侧设有观察防护镜。使有毒气体、金属烟尘及放射性气溶胶等，被最大限度地控制在一定的空间内，通过排气系统和净化装置排到室外。

（2）焊接地点应设有单室，钍钨棒贮存地点应固定在地下室封闭式箱内。大量存放时应藏于铁箱里，并安装通风装置。

（3）应备有专用砂轮来磨尖钍钨棒，砂轮机应安装除尘设备。图6-1所示为砂轮机的抽排装置示意图。砂轮机地面上的磨屑要经常作湿式扫除并集中深埋处理。地面、墙壁最好铺设瓷砖或水磨石，以利于清扫污物。磨尖钍钨棒时应戴除尘口罩。

（4）电弧焊接操作时，在狭小地点必须佩戴送风防护头盔或采用其他有效措施。采用密闭罩施焊时，在操作中不应打开罩体。

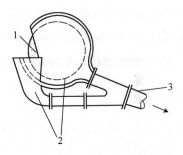

图6-1　砂轮机抽排装置示意图
1—砂轮；2—抽吸口；3—排出管

（5）推荐使用铈钨极。

（6）合理的工艺规范可以避免钨极的过量烧损。

（7）接触钨棒后应以流动水和肥皂洗手，工作服及手套等应经常清洗。

（8）真空电子束焊的防护重点是 X 射线。首先是焊接室的结构应合理，采取屏蔽防护。目前国产电子束焊机采用的是用低碳钢、复合钢板或不锈钢等材料制成的圆形或矩形焊接室。为了便于观察焊接过程，焊接室应开设观察窗。观察窗应当用普通玻璃、铅玻璃和钢化玻璃等作三层保护，其中铅玻璃用来防护 X 射线，钢化玻璃用于承受真空室内外的压力差，而普通玻璃经受金属蒸气的污染。

（9）为防止 X 射线对人体的损伤，真空焊接室应采取屏蔽防护。从安全性和经济性考虑，以及现场对 X 射线的测定情况来看，屏蔽防护应尽量靠近辐射源部位，即主要是真空室壁应予以足够的屏蔽防护，真空焊接室顶部电缆通过处和电子枪亦应加强屏蔽防护。

（10）加强个人防护，操作者应佩戴铅玻璃眼镜，以保护眼的晶状体不受 X 射线损伤。

3. 噪声的预防

碳弧气刨及等离子弧焊接、切割、喷涂以及噪声大的工作场所，必须采取以下噪声预防措施。

（1）等离子弧焊接工艺产生的噪声强度与工作气体的种类、流量等有关，因此应在保证工艺正常进行、符合质量要求的前提下，选择一种低噪声的工作参数。

（2）研制和采用适用于焊枪喷出口部位的小型消声器。考虑到这类噪声的高频性，采用消声器对降低噪声有较好的效果。

（3）选用较好的耳塞或耳罩降低噪声。常用的为耳研 5 型橡胶耳塞，其隔音效能低频为 10～15dB，中频为 20～30dB，高频为 30～40dB。耳罩的隔音效能优于耳塞，但体积较大，戴用时稍感不便。

（4）在房屋结构、设备等处采用吸声或隔音材料。采用密闭罩施焊时，可在屏蔽上衬以石棉等消声材料，可起到一定的防噪声效果。

4. 高频电磁辐射的预防

高频振荡器的作用在于引弧。每次引弧时间仅有 2～3s，一个工作日接触高频时间粗略计算为 10min 左右（参考卫生标准的允许辐射强度是指 8h 接触），接触时间又不连续。因此，在这样的工作环境下，一般不足以造成对焊工的伤害。但是焊接操作场所的危害因素是多方面的，所以仍有必要采取以下措施。

（1）在不影响使用的情况下，降低振荡器频率。

（2）减少高频电的作用时间。若振荡器旨在引弧，可以在引弧后的瞬间立即切断振荡器电路。其方法是用延时继电器，于引弧后 10s 内使振荡器停止工作。

（3）工件良好接地。施焊工件良好接地，能降低高频电流，这样可以降低电磁辐射强度。接地点与工件愈近，接地作用则越显著，它能将焊枪对地的脉冲高频电位大幅度地降低，从而减小高频感应的有害影响。

（4）屏蔽把线及软线。因脉冲高频电是通过空间和手把的电容耦合到人体上的，所以加装接地屏蔽能使高频电场局限在屏蔽内，可大大减少对人体的影响。其方法为采用细铜质金属编织软线，套在电缆胶管外面，一端接于焊枪，另一端接地。焊接电缆线也需套上金属编织线。

（5）采用分离式握枪。把原有的普通焊枪，用有机玻璃或电木等绝缘材料另接出一个把柄也有屏蔽高频电的作用，但效果不如屏蔽把线及导线理想。

（6）降低作业现场的温、湿度。作业现场的环境温度和湿度，与射频辐射对肌体的不良影响具有直接的关系。温度越高，肌体所表现的症状越突出；湿度越大，越不利于人体的散热，也不利于作业人员的身体健康。所以，加强通风降温，控制作业场所的温度和湿度，是减小射频电磁场对肌体影响的一个重要手段。

5. 热辐射的预防

热辐射的预防措施如下。

（1）为了防止有毒气体、粉尘的污染，一般焊接作业现场均设置有全面自然通风与局部机械通风装置，这些装置对降温亦起到良好的作用。在锅炉和压力容器与舱室内焊接时，应向这些容器与舱室内不断地输送新鲜空气，达到降温目的。送风装置须与通风排污装置结合起来设计，达到统一排污降温的目的。

（2）减少或消除容器内部的焊接是一项防止焊接热污染的主要技术措施。应尽可能采用单面焊双面成型的新工艺，采取单面焊双面成型的新材料，对减少或避免在容器内部的施焊有很好的作用，可使操作人员免除或较少地受到热辐射的危害。

（3）将手工焊接工艺改为自动焊接工艺，如埋弧焊的焊剂层在阻挡弧光辐射的同时，也相应地阻挡了热辐射，因而对于防止热污染也是一种很有效的措施。

（4）预热焊件时，为避免热污染的危害，可将炽热的金属焊件用石棉板一类的隔热材料遮盖起来，仅仅露出施焊的部分，这在很大程度上减少了热污染。在对预热温度很高的铬钼钢焊接时，以及对某些大面积预热的堆焊等，是不可缺少的。

（5）在工作车间的墙壁上涂覆吸收材料，将热能吸收，以及在必要时设置气幕隔离热源等，都可以起到降温的作用。

6. 焊接烟尘的预防

焊接烟尘的预防措施如下。

（1）预防发生电焊工尘肺的主要措施是改善生产工艺，使焊接工艺自动化，用低毒焊条替代高毒性焊条，同时采取局部和全面通风，改善作业环境空气质量，加强个体防护以及经常性的卫生监督和健康监护。有活动性肺结核病、慢性阻塞性肺病、慢性间质性肺病、伴肺功能损害等疾病的患者，不宜从事电焊作业。

（2）预防锰中毒主要措施是改善生产工艺，使焊接工艺自动化；用低毒焊条替代高毒性焊条，同时采取局部和全面通风，改善作业环境空气质量；加强个体防护和卫生监督。有中枢神经系统器质性疾病、各类精神病、严重自主神经功能紊乱性疾病、肝肾功能障碍者，不宜从事电焊作业。

（3）金属热患者可给予对症和支持治疗；电焊、切割镀锌金属时应加强局部通风，戴面罩或送风式头盔。

7. 有毒气体的预防

有毒气体的预防措施如下。

（1）发生急性臭氧中毒应以对症治疗为主，积极防治肺水肿。预防措施主要为改革工艺、采用自动焊接、加强局部通风排毒和个人防护等。

（2）一氧化碳急性中毒患者给予吸氧、高压氧治疗，积极预防脑水肿，以及维持呼吸循环功能、纠正酸中毒、促进脑血液循环等对症支持治疗。预防措施主要为改革工艺、采用自动焊接、加强局部通风排毒和个人防护等。患有中枢神经系统器质性疾病、心肌病等患者，不宜从事电焊作业。

（3）氮氧化物中毒预防措施主要为改革工艺、采用自动焊接、加强局部通风排毒和个人防护等。患有慢性阻塞性肺病、慢性间质性肺病、支气管哮喘、支气管扩张、肺心病地方性氟病、骨关节病等疾病的患者，不宜从事电焊作业。

（4）急性氟中毒患者应给予吸氧、预防喉水肿和肺水肿、预防继发感染等对症治疗。预防氟中毒措施主要为改革工艺，加强局部通风排毒和个人防护，定期进行健康监护等。

6.2 焊接与切割作业的劳动卫生防护

《中华人民共和国职业病防治法》明确规定了用人单位必须对产生职业病危害因素的工作场所提供卫生防护设施，使工作场所符合职业卫生标准和卫生要求，保障劳动者的健康。在焊接和切割过程中，无论哪种工艺方法，单一有害因素存在的可能性都很小，除各自不同的主要有害因素外，其他有害因素还会同时存在。因此，为了降低电焊工的职业危害，必须采取有效的防尘、防毒、防辐射和防噪声等卫生技术防护和管理措施，达到预防控制电焊作业职业病发生的目的。

6.2.1 通风措施

焊接通风是消除焊接尘毒和改善劳动条件的有力措施。按目前的技术条件，很难做到减少焊接作业时烟尘的生成量，因此，重点应通过加强通风除尘措施来排除有害、有毒气体和蒸气，降低工作场所空气中烟尘和有害气体的浓度，

项目6　焊接与切割作业劳动卫生防护

改善作业场所的通风状况和空气质量，从而控制电焊作业的职业危害。

通风有全面通风和局部通风两种方式，采用的通风动力有自然通风和机械通风。自然通风是借助于自然风力按空气的自然流通方向进行；机械通风则是依靠风机产生的压力来换气，这种通风方式具有较好的除尘、排毒效果。

1. 全面通风

全面通风也称稀释通风。它是用清洁空气稀释空气中的有害物浓度，使室内空气中有害物浓度不超过卫生标准规定的最高容许浓度，同时不断地将污染空气排至室外或收集净化。全面通风可以利用自然通风实现，也可以借助于机械通风来实现。全面自然通风最简单的形式是车间设置气楼，墙上设置进风窗，利用自然通风进行通风换气。全面机械通风则通过管道及风机等组成的通风系统进行全车间的通风换气。车间全面通风换气量的设计应按各种气体分别稀释至规定的接触限值所需的空气量的总和计算，或按需要空气量最大的有害物质计算。全面通风一般用于改善车间的微小气候或作为防止有害气体的局部通风的辅助措施。

2. 局部通风

局部通风通过局部排风的方式，当焊接烟尘和有害气体刚一接触时，就被排风罩口有效地吸走，避免其扩散到工作场所，污染周围环境。

焊接工作地点的局部通风有局部送风和局部排风两种形式。

（1）局部送风。局部送风是把新鲜空气或经过净化的空气，送入到焊接工作地带。它用于送风面罩、口罩等，具有良好的效果。目前在有些单位生产上仍采用电风扇直接吹散电焊烟尘和有毒气体的送风方法，尤其多见于夏天。这种局部送风方法，只是暂时地将弧焊区的有害物质吹走，仅起到一种稀释作用，但是会造成整个车间的污染，达不到排气的目的。局部送风使焊工的前胸和腹部受电弧热辐射作用，后背受冷风吹袭，容易引发关节炎、腰腿痛和感冒等疾病。所以，这种通风方法不应采用。

（2）局部排风。在电焊过程中，常有粉尘或有害气体产生。将有害物直接从产生处抽出，并进行适当处理（或不处理）排至室外，这种方法称为局部排风。局部排风既能有效地防止有害物对人体的危害，又能大大减小通风量。对于焊接烟尘，局部排风是目前所用的各类防护措施中最有效果、方便灵活、经济适用的一种方法，目前，有关部门正在积极推广这种方式。局部排风系统的结构如图6-2所示。

局部排风按集气方式的不同可以分为固定式局部排风系统和移动式局部排风系统。固定式局部排风系统主要用于操作地点和工人操作方式固定的大型焊接生产车间，可根据实际情况一次性固定集气罩的位置。移动式局部排风系统

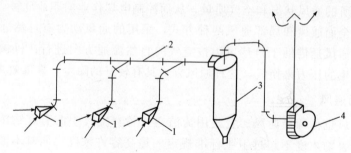

图 6-2　局部排风系统示意图

1—局部排烟罩；2—风管；3—净化设备；4—风机

工作状态相对灵活，可根据现场具体的操作情况，做不同的排风调整，保证处理效率及操作人员的便利。焊接烟尘和有害气体的净化系统通常采用袋式或静电除尘与吸附剂相结合的净化方式，处理效率高，工作状态稳定。

根据焊接生产条件的特点不同，目前用于局部排风装置的结构形式有固定式、移动式和随机式三种。

1）固定式排风装置。主要用于操作地点和工人操作方式固定的大型焊接生产车间，可根据实际情况一次性固定集气罩的位置。固定式排风罩有上抽、侧抽和下抽三种。这类排风装置适合于焊接操作地点固定且焊件较小的情况下采用。其中下抽的排风方法焊接操作方便，排风效果也较好。固定式排风装置如图 6-3 所示。

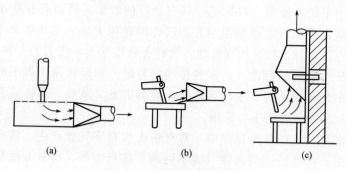

图 6-3　固定式排风装置

（a）下抽式；（b）侧抽式；（c）上抽式

2）移动式排风装置。这类通风装置结构简单轻便，可根据焊接地点和操作位置的需要随意移动。焊接时将吸风头置于电弧附件，开动风机即能有效地将有毒气体及烟尘吸走。在密闭结构、化工容器和管道内施焊，或在大作业厂房非定点施焊时效果良好。图 6-4 所示为移动式设备在容器内的应用实例。

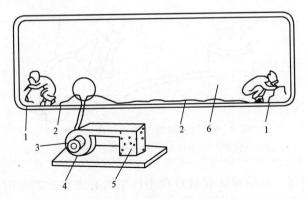

图 6-4   容器内排风示意

1—排烟罩；2—软管；3—电动机；4—风机；5—过滤器；6—容器

移动式排风装置的排风系统是由小型离心风机、通风软管、过滤器和排烟罩组成，常用的有净化器固定吸头移动式和风机与吸头移动式两种。

a. 净化器固定吸头移动式排风装置。采用风机和过滤装置，吸头通过软管可在一定范围内随意移动，主要用于大作业厂房非定点施焊，其排风系统示意如图 6-5 所示。

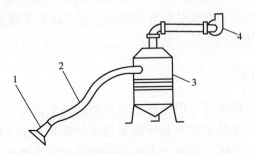

图 6-5   净化器同定吸头移动式排风系统

1—吸风头；2—软管；3—过滤器；4—风机

b. 风机与吸头移动式排风装置。其风机、过滤器和吸头可根据焊接需要随意移动，使用灵活、效果显著，其排风系统示意如图 6-6 所示。

移动式排烟罩的效果主要是依靠调节吸风头与电弧间的距离来实现。

3）随机式排风装置。随机式排风装置被固定在自动焊机头上或附近位置，可分为近弧排风装置和隐弧排风装置，以隐弧排风装置效果更好。使用隐弧式排风装置时，应严格控制风速和风压，以保证保护气体不被破坏，否则难以保证焊接质量。

焊接通风技术措施设计时具有以下要求。

建筑焊工

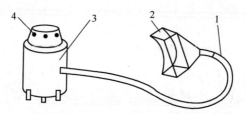

图6-6 风机和吸头移动式排风系统
1—软管；2—吸风头；3—净化器；4—出气孔

　　车间内施焊时，必须保证焊接过程中产生的有害物质能及时排出，保证车间作业地带的条件良好、卫生；有害物质抽排至室外大气之前，原则上应该净化处理，否则将对大气有所污染；采用通风措施后必须保证冬季室温在规定范围内，满足采暖需要；应根据作业现场及工艺等具体条件设计，不得影响施焊和破坏焊接过程的保护性；应便于拆卸和安装，适合定期清理和修配的需要。

　　解决电焊烟尘职业危害问题，需采取综合治理措施。电焊烟尘通风治理技术在向成套性、组合性、可移动性、小型化、省资源方向发展。应大力倡导以局部通风为主，全面通风为辅的原则。由于局部通风存在许多优点，所以，应大量采用局部通风方式收集电焊烟尘；但是，对于焊接密度比较大的车间，把全面通风作为一种辅助手段也是很有必要的，它可以大大改进车间的总体环境，在这一点上，国内外的观点是一致的。

6.2.2　个人防护

　　个人防护是指在焊接过程中为防止自身危险而采取的防护措施。焊接作业职业病危害的防护措施除了作业场所通风设施的防护，个人防护用品也是保护工人健康的重要防护手段。加强个人防护措施，对防止焊接时产生的有毒气体和粉尘的危害具有重要意义。

　　焊接作业的个人防护措施主要是对头、面、眼睛、耳、呼吸道、手、身躯等方面的防护，主要有防尘、防毒、防噪声、防高温辐射、防放射性、防机械外伤和脏污等。焊接作业除穿戴一般防护用品（如工作服、手套、眼镜、口罩等）外，针对特殊作业场合，还可以佩戴空气呼吸器（用于密闭容器和不易解决通风的特殊作业场所的焊接作业），防止烟尘危害。

1. 防护服

　　焊接防护服是以织物、皮革或通过贴膜或喷涂制成的织物面料，采用缝制工艺制作的服装，防御焊接时的熔融金属、火花和高温灼烧人体。焊接防护服款式分为上、下身分离式和衣裤连体式。还可配用围裙、套袖、披肩和鞋盖等

项目6　焊接与切割作业劳动卫生防护

附件。一般防护服可采用棉织帆布制作，若能进行化学阻燃处理，提高布料的阻燃性能则最为理想。焊工工作服应符合下列要求。

1）焊工工作服应根据焊接与切割工作的特点选用，不能用一般合成纤维物做成，焊接、切割工作服推荐选用有阻燃作用的白色棉帆布工作服。如氩弧焊、等离子弧焊时由于会产生臭氧和强烈的紫外线，容易使棉布劳动保护服碎裂、脆化，因此，需穿着白色粗毛呢、柞蚕丝、皮革等原料制作的劳动保护服。

2）焊工工作服上衣要有领子和领扣，以保护脖子不受弧光的辐射。为防止焊工皮肤受电弧的伤害，工作服袖口应扎紧，扣好领口，皮肤不外露。

3）焊工穿用的工作服不应潮湿，工作服的口袋应有袋盖，上身应遮住腰部，裤长应罩住鞋面。工作服上不应有破损、孔洞和缝隙，不允许粘有油脂。

4）经常保持工作服的清洁，发现有破损应及时缝补或更换。

5）仰焊、切割过程中，为防止火星、熔渣从高处溅落到头部和肩上，焊工应在颈部围毛巾、穿着用防燃材料制成的护肩、长袖套，围裙和鞋盖等。

6）高温作业时应穿石棉或其替代品耐火衣。在潮湿闷热处作业时，应穿防止导电的隔离身体的焊接防护服。

7）登高作业时，应扎紧裤脚，将鞋带塞入鞋内，以防绊倒。

2. 焊工手套

焊工手套是防御焊接时的高温、熔融金属和火花烧灼手的个人防护用具。焊工手套产品的技术性能应符合劳动保护安全行业标准《焊工防护手套》（AQ 6103—2007）的规定。

1）焊工手套应选用耐磨、耐辐射热的皮革或棉帆布和皮革材料制成，其长度不应小于300mm，要缝制结实。

2）在可能导电的焊接场所工作时，所使用的手套应该采用具有绝缘性能的材料（或附加绝缘层）制成，并经耐压5000V试验合格后，方能使用。

3）焊工不应戴破损和潮湿的手套。

4）用大电流焊接时须用厚皮革，用小电流焊接可用软薄皮革。手套的长度尺寸不得小于300mm，除皮革部分外，还要求其他部分的材质也应具有绝缘、耐辐射、不易燃的性能。在有腐蚀介质的现场焊接切割时，要尽可能戴橡皮手套。

5）在高温环境下焊接时，可戴耐热、阻燃材料、石棉布或其替代品制作的手套。

3. 电焊面罩

电焊面罩是保护电焊工面部和眼睛免受弧光损伤的防护用品，同时还能防止焊工被飞溅的金属烫伤，以及减轻烟尘和有害气体等对呼吸器官的损害。电焊面罩材料必须使用耐高低温、耐腐蚀、耐潮湿、阻燃，并具有一定强度和不透光的非导电材料制作，常用红钢纸板制作，有的还用阻燃塑料等其他材料制作。

焊接面罩由观察窗、滤光片、保护片和面罩等组成。按常用的规格及用途分头戴式、手持式、安全帽式电焊面罩以及送风防护面罩等，可根据工作需要具体选用。

（1）头戴式电焊面罩。按材料不同，又有头戴式钢纸电焊面罩和头戴式全塑电焊面罩。头戴式电焊面罩与手持式电焊面罩基本相同，头带由头围带和弓状带组成，面罩与头带用螺栓连接，可以上下掀翻，不用时可以将面罩向上掀至额部，用时则掀下遮住眼面。这类产品适用于电焊、气焊操作时间较长的岗位，还适用于各类电弧焊或登高焊接作业，重量不应超过 560g。

（2）手持式电焊面罩。面罩材料由化学钢纸（常用红色钢纸）或塑料注塑成型。产品多用于一般短暂电焊、气焊作业场所。

（3）安全帽式电焊面罩。这种产品是将电焊面罩与安全帽用螺栓连接，可以灵活地上下掀翻。适用于电焊，既可防护弧光的伤害，又能防作业环境的坠落物体打击头部。面罩和头盔的壳体应选用难燃或不燃且不刺激皮肤的绝缘材料制作，罩体应遮住脸面和耳部，结构牢靠，无漏光。

（4）送风防护面罩。在一般电焊头盔的里面，于呼吸带部位固定一个送风带。送风带由轻金属或有机玻璃板制成，其上均匀密布着送风小孔，新鲜的压缩空气经净化处理后，由输气管送进送风带，经小孔喷出。多余空气及呼出的废气自动从里面逸出。送风防护面罩如图 6-7 所示。

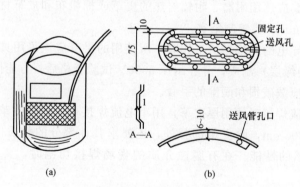

图 6-7 送风防护面罩
(a) 外形图；(b) 结构尺寸图

送风式电焊面罩用于各种特殊环境的焊接作业和熔炼作业。若在通风条件差的封闭容器内工作，需要佩戴使用有送风性能的防护面罩。使用时必须用净化空气，禁止使用氧气。冬季应使用经加温后的空气，空气加温时可用电阻丝或暖气管预热。

4. 眼防护具

焊接用的眼防护具是用于防止焊接弧光中紫外线、红外线和强光对眼的伤害，保护焊工眼睛免受弧光灼伤和防止电光性眼炎以及熔渣溅入眼内的防护镜。焊接用的眼防护具结构表面必须光滑，无毛刺、无锐角，不会引起眼面部不适应感的其他缺陷；可调部件应灵活可靠，结构零件应易于更换；还应具有良好的透气性。

常用的焊接用眼防护具有以下几种。

（1）焊接护目镜。焊接护目镜由镜架、滤光片和保护片组成。滤光片内含铜、硫化镉等微量金属氧化物，紫外线透射率很低，适用于电弧焊接、切割、氩弧焊接作业。

护目镜从结构上分为普通型（可带有侧向防护罩）和前封式（可装在一般眼镜架上或安全帽前沿上）。镜片分为吸收式（在玻璃熔制过程中加入吸收紫外线的原料）和吸收—反射式（以普通镜片作为基片，再进行真空镀膜处理），前者较经济，后者在使用中不易发热。为防护电弧光侧漏进入眼部，有的在眼架两侧装上防护罩，有的在防护罩上开透气孔。

（2）面罩护目镜。由滤光片和保护滤光片的无色玻璃片（或塑料片）组成，安装在面罩上，焊接时直接使用镶有护目镜的面罩，广泛应用于各种焊接作业。

（3）高反射式护目镜。由于焊接工艺的不断发展，某些新的焊接方法弧柱温度很高，随之对焊接护目镜也提出更高的防护要求。目前，国内普遍使用的吸收式护目镜，由于光的辐射能量经护目镜吸收后，又转变为不同形式的能量，对眼睛形成二次辐射，光源温度越高，辐射越严重。若仍使用此吸收式护目镜已不能有效地保护眼睛，此时，必须使用高反射式护目镜。

高反射式护目镜由于在吸收式护目镜上镀制铬、铜、铬三层反射膜，能更有效地反射紫外线、可见光和红外线，反射率达95％以上，大大减弱了二次辐射的作用，能更好地保护眼睛。

（4）自动调光护目镜。近年来，国内外研制的能自动调光的焊工护目镜，无电弧时能充分透光，有电弧时能很好遮光，不需要像现在那样把护目镜拿上拿下。这类护目镜目前有采用调节转动含铝锆钛酸盐做镜片，内偏振光偏振角的偏振光调节透光护目镜；还有采用液晶光阀的液晶变光焊接护目镜。

护目镜片有吸收式滤光镜片和反射式防护镜片两种，吸收式滤光镜片根据颜色深浅有几种牌号，应按照焊接电流强度选用。近来研制生产的高反射式防护镜片，是在吸收式滤光镜片上镀铬—铜—铬三层金属薄膜制成的，能将弧光反射回去，避免了滤光镜片将吸收的辐射光线转变为热能的缺点。使用这种镜片，眼睛感觉凉爽舒适，观察电弧和防止弧光伤害的效果较好，这种镜片目前正在推广应用。光电式镜片是利用光电转换原理制成的新型护目滤光片，由于在起弧时快速自动变色，能消除电弧"打眼"和消除盲目引弧带来的焊接缺陷，防护效果好。

在焊接过程中如何正确合理选择滤光片，是一个重要的问题。正确选择滤光片可参见表6-6。

表6-6　　　　　焊接滤光片推荐使用遮光号

遮光号	电弧焊接与切割	气焊与气割
1.2	—	—
1.4 1.7 2	防侧光与杂散光	—
2.5 3 4	辅助工种	—
5 6	30A 以下的电弧焊作业	—
7 8	30~75A 电弧焊作业	工作厚度为 3.2~12.7mm
9 10	75~200A 电弧焊作业	工件厚度为 12.7mm 以上
11 12 13	200~400A 电弧焊作业	等离子喷涂
14	500A 电弧焊作业	等离子喷涂
15 16	500A 以上气体保护焊	—

应根据不同的焊接方法选用不同的滤色片。手工电弧焊电弧温度可达6000℃，由于发热量大，且空气中有强烈的放电弧光产生，弧光中含有一定强度的红外线、可见光和紫外线。而等离子弧焊温度高达30 000℃，发热量更大，因此，等离子弧焊、等离子切割时的紫外线辐射强度比焊条电弧焊大30~50倍。氩弧焊的紫外线强度也比焊条电弧焊大9~30倍，故在电流大小相同的情况下，选用的滤色片比焊条电弧焊大一号。焊条电弧焊要根据作业时接触弧光强度选用相应遮光号的滤光片，同时，作业中保护片一般只使用8h。

项目6　焊接与切割作业劳动卫生防护

同时，选择滤光片时还要考虑工作环境和习惯的不同，以及年龄上的差异。当焊接的电流同样大时，青年人应选用号数大的滤色片，老年人则反之。按可见光透过率的不同，将焊接滤色片分为不同的号数，颜色越深号数越大。选用适宜的护目镜的自我测定标准应以一天工作结束后，眼睛不感觉干涩、难受为原则。焊工应养成根据电流大小的不同，随时更换不同号数护目镜的习惯，才可起到预防自我视力减退和患早期老花眼等慢性眼病的作用。

5. 呼吸防护用品

焊工在施焊时仅使用电焊面罩是远远不够的，还应戴上呼吸防护用品，以防止焊接烟尘和粉尘的侵害。按供气原理和供气方式的不同，呼吸防护用品主要分为自吸式、自给式和动力送风式三类。一般情况下，电焊工通常使用的呼吸防护用品为自吸式的过滤防尘口罩和动力送风式防尘口罩，必要时需使用自给供气式防毒面具等，如在密闭缺氧环境中，空气中混有高浓度毒物以及在应急抢修设备等情况下。空气过滤式口罩简称过滤式口罩，其工作原理是使含有害物的空气通过口罩的滤料过滤净化后再被人吸入；供气式口罩是指将与有害物隔离的干净气源，通过动力作用如空压机、压缩气瓶装置等，经管道及面罩送到人的面部供人呼吸。

（1）防尘口罩。防尘口罩的主要防阻对象是颗粒物，包括粉尘（焊接粉尘）、雾（液态的）、烟（焊接烟尘）和微生物。

不同的防尘口罩使用的过滤材料不同，焊接烟尘为不含油的颗粒物，因此应选择适合过滤非油性颗粒物的防尘口罩。同时，由于焊接烟尘颗粒比普通粉尘（如矿尘、水泥尘等）粒度小，焊接用的防尘口罩效率应经过 $0.3\mu m$ 气溶胶检测。焊接作业时通常有火花迸射，局部温度也比较高，口罩表面材料应具有阻燃性能。

另外，要强调说明的是：防尘口罩不能用于防毒，未配防尘过滤元件的防毒面具不能用于防尘；当颗粒物有挥发性时，如焊接工作环境中有喷漆产生漆雾，必须采用防尘防毒组合式防护方式。

在化工区作业时，也需佩戴防毒口罩，以防止腐蚀介质挥发物损害焊工的呼吸器官。

1）过滤式的防尘口罩。过滤式的防尘口罩是日常工作中使用最广泛的一大类，主要是以纱布、无纺布、超细纤维材料等为核心过滤材料的过滤式呼吸护用品，用于滤除空气中的颗粒状有毒、有害粉尘，但对于有毒、有害气体和蒸气无防护作用。空气过滤口罩只适用于环境中氧气浓度大于 18%、环境温度为 $-20\sim45℃$ 时，否则要用供气式口罩。过滤式的防尘口罩包括多种类型，如半面型，即只把呼吸器官（口和鼻）盖住的口罩；全面型，即口罩可把整个面部包括眼睛都盖住的口罩。

半面型防尘口罩，适合的焊接烟尘浓度范围是职业卫生标准的 10 倍，滤棉可更换，长期使用能降低使用成本；全面型防尘口罩适合焊接烟尘浓度低于 100 倍职业卫生标准的环境。

2）送风口罩。送风口罩和送风面罩的目的一样，都是供给焊工一定压力的新鲜空气，使呼吸带成正压，以阻止有害烟尘的侵入。

在作业强度大、环境温度高的环境使用自吸过滤式呼吸面具（半面具或全面具），工人可能有憋闷的感觉，这时送风口罩就能解决这个问题。电动送风口罩优点是能把口鼻全部罩起，密闭性较好，焊接时可充分吸入清洁空气，四周的烟尘和有毒气体不易被吸入，尤其是在工作地点狭小，焊接烟尘浓度高而四周充满烟雾（如船舱、锅炉）时，防护效果更为显著。另外，口罩容积较小，输入气体的压力和流量不必很大。为保证送入气体的清洁，压缩空气应过滤，冬季使用应加热。送风口罩的工作原理如图 6-8 所示。

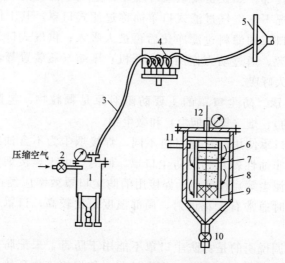

图 6-8　送风口罩工作系统

1—空气过滤器；2—调节阀；3—塑料管；4—空气加热器；

5—口罩；6—压紧的棉花；7—泡沫塑料；8—焦炭粒；

9—瓷环；10—放水间；11—进气口；12—出气口

送风口罩要求有较好的密闭性、柔软性和舒适性。从密闭角度出发，要求口罩造型与脸部吻合且对脸部无压迫感。过滤物质一般采用卫生棉、泡沫塑料及焦炭等。

3）分子筛除臭氧口罩。焊接作业现场除了电焊烟尘，还会产生一些其他的有害气体，最常见的是臭氧。分子筛除臭氧口罩采用直径 3～4nm 分子球形筛作为过滤材料，除臭氧效率可达 99%～100%。分子筛除臭氧口罩是由口罩、橡胶通气管和盛分子筛的罐体组成，其工作系统原理如图6-9所示。

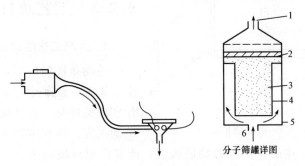

图6-9　分子筛除臭氧口罩模式图
1—出气口；2—滤尘尼龙毡；3—分子筛；4—进气孔；
5—罐体；6—进气口

采用低生低毒焊条、工业机械手、以埋弧焊代替焊条电弧焊、容器管道焊接时采用单面焊双面成形工艺等，都能有效地消除或避免焊接烟尘和有毒气体的危害。

（2）供气式呼吸器。过滤式的防尘口罩的使用要受环境的限制，当环境中存在着过滤材料不能滤除的有害物质，或氧气含量低于18％，或有毒有害物质浓度较高（＞1％）时均不能使用。若在有害物性质不明时，要考虑最坏情况，这种环境下应采用供气式或隔绝式呼吸防护用品。隔绝式呼吸防护用品特点是以压缩气体钢瓶为气源，使用时不受外界环境中毒物种类、浓度的限制，使用人员的呼吸器官、眼睛和面部与外界受污染空气隔绝，保障人员正常呼吸和呼吸防护。

另外，有些作业环境只单独存在一些气体异味，浓度虽没有达到有害健康的水平（没有超标），但会使人感觉不舒适，这种作业环境下佩戴一种带活性炭层的防尘口罩就很适用，不仅适合于焊接产生焊烟和臭氧的环境，还能有效排除异味。

6. 防护屏

电焊及切割工作场所，为防止弧光辐射、焊渣飞溅，影响周围视线，应设置弧光防护室或防护屏，以确保电弧光不对附近人员造成伤害。在多人作业或交叉作业场所从事电焊作业时，要采取保护措施，设防护遮板，以防止电弧光刺伤焊工及其他作业人员的眼睛。防护屏应选用不燃材料制成，其表面应涂上黑色或深灰色油漆，临近施焊处应采用耐火材料（如石棉板、玻璃纤维布、钢板），高度不应低于1800mm，下部应留有250～300mm用于流通空气的空隙，如图6-10所示。

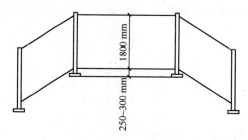

图 6-10 电焊防护屏

1800 mm

250~300 mm

6.2.3 工艺及材料的改进

1. 生产工艺的改进

劳动条件的好坏，基本上取决于生产工艺。改革生产工艺，使焊接操作实现机械化、自动化，不仅能降低劳动强度，提高劳动生产率，并且可以大大减少焊工接触生产性毒物的机会，改善作业环境的劳动卫生条件，使之符合卫生要求。这是消除焊接职业危害的根本措施。例如，采用埋弧自动电弧焊（埋弧焊）代替焊条电弧焊，就可以消除强烈的弧光、有毒气体和烟尘的危害。

工业机械手是实现焊接过程全部自动化的重要途径。在电弧焊接中，应用各种形式的现代化专用机械已经积累了一定的经验。这些较复杂的现代化机械手，能够控制运动的轨迹，可按工艺要求决定电极的位置和运动速度。工业机械手在焊接操作中的应用，将从根本上消除焊接有毒气体和粉尘等对焊工的直接危害。

2. 焊接材料的改进

在保证产品技术条件的前提下，合理地设计与改革施焊材料，是一项重要的卫生防护措施。例如，合理地设计焊接容器结构，可减少容器内部的焊缝；尽可能采用单面焊双面成型的新工艺，这样可以减少或避免在容器内施焊的机会，减轻操作者受危害的程度。

采用无毒或毒性小的焊接材料代替毒性大的焊接材料，也是预防职业性危害的有效措施。

焊割安全操作技术

7.1 安全用电技术

7.1.1 安全用电

1. 电流对人体的伤害

在焊接操作过程中，电流的主要危害是电击（触电）造成人身的伤害以及电流产生的热量、火花或电弧造成的火灾及爆炸。

电流对人体的伤害有三种形式：电击、电伤及电磁场生理伤害。

（1）电击。电击是电流通过人体，直接对人体的器官和神经系统造成的伤害，它是低压触电造成伤害的主要形式。轻者有麻木感，稍重可造成呼吸困难，严重者可造成神经麻痹、呼吸停止，最严重时可能引起心室发生纤维性颤动，进而导致死亡。

（2）电伤。电伤是电能转化为其他形式的能作用于人体所造成的伤害，主要是烧伤和烫伤。它是高压触电造成伤害的主要形式。

（3）电磁场生理伤害。电磁场生理伤害是指在高频电磁场的作用下，出现头晕、乏力、失眠及多梦等神经系统的病症。

2. 影响电击严重程度的因素

电流通过人体造成危害的严重程度与下列因素有关：流经人体的电流强度；电流通过人体的持续时间；电流通过人体的途径；电流的频率；人体的健康状况等。

（1）流经人体的电流强度。流经人体的电流越大，致命的危害性越大。

1）感知电流。能引起人感觉到的最小电流称为感知电流，工频交流为$0.7 \sim 1mA$，直流为$5mA$。

2）摆脱电流。触电后自己能够摆脱的最大电流称为摆脱电流，工频交流为10～16mA，直流为30mA。但工频交流5mA即能引起人体痉挛。

3）致命电流。在较短的时间内能危及生命的电流（50mA）称为致命电流。

（2）电流通过人体的持续时间。电流通过人体的持续时间越长，电击伤害程度越严重。

触电死亡的普遍而重要的原因是心室颤动。对于同样的电流，通电的时间越长，发生心室颤动的可能性越大；通电时间越短，发生心室颤动的可能性越小。而对于同样的通电时间，电流越大，发生心室颤动的可能性越大；电流越小，发生心室颤动的可能性越小。

（3）电流通过人体的途径。一般认为，通过心脏、肺部和中枢神经系统的电流越大，电击的危险性也就越大。特别是电流通过心脏时危险性最大，几十毫安的工频交流电即可引起心室颤动，从而导致死亡。电流通过人的头部会使人昏迷，若电流通过脊髓，可能会导致肢体瘫痪。

由此可见，从手到脚的电流途径最为危险，因为沿这条途径有较多的电流通过心脏、肺部和脊髓等重要器官；其次是从手到手的电流途径；再次是从脚到脚的电流途径。电流从脚到脚的危险性虽然较小，但很容易因剧烈痉挛而摔倒，导致电流通过全身或摔伤、坠落等严重的二次事故。

（4）电流的频率。当人体触及直流电源时，感知电流平均约为4mA；摆脱电流平均约为60mA；引起心室颤动的电流，当持续时间为30s时约为1.3A，当持续时间为3s时约为500mA，大大高于工频时的各值。

工频为50～60Hz时摆脱电流为最小，即危险性为最大。摆脱电流为最小的频率范围是20～200Hz；低于20Hz或高于200Hz时摆脱电流增大，在2000Hz以上时，触电死亡的危险性相对地减小，但易造成皮肤的灼伤。

（5）人体的健康状况。同样的电流作用于不同的人其伤害程度也往往不同。影响其后果的因素大致有以下几项。

1）性别。一般女性对电的敏感度高，其感知电流及摆脱电流均比男性低1/3左右。

2）健康状况。体弱多病，尤其是心脏病患者，比健康的人更易受到电伤害。

3）年龄。儿童受电击时往往比成年人更易受到伤害。相比之下成年健壮的男性，尤其是皮肤角质层厚的人群，触电受到的伤害相对较小。

3. 安全电流

在线路中没有防止触电的保护装置条件下，人体允许通过的安全电流一般可按30mA考虑。

流经人体的电流大小决定于外加电压的高低和人体电阻的大小。一般情况下，人体电阻为 $1000 \sim 1500\Omega$，在不利的情况下人体电阻会降低到 $500 \sim 650\Omega$。影响人体电阻的因素较多，如皮肤潮湿或出汗、身体带有导电性粉尘、加大同带电体的接触面积和压力等，都会降低人体电阻，故通过人体电流的大小通常是不可能事先计算出来的。因此，为确定安全条件，不是按照安全电流而是按照安全电压来表示的。

4. 安全电压

在一定的环境条件下，为防止触电事故而采取由特定电源供电的电压称为安全电压。

安全电压能将触电时通过人体的电流限制在较小的范围之内，从而在一定程度上保障人身安全。这个安全电压的数值与工作环境有关。

（1）对于比较干燥而触电危险较大的环境，人体电阻可按 $1000 \sim 1500\Omega$ 考虑，通过人体的电流可按 30mA 考虑，则安全电压为

$$U = 30 \times 10^{-3} \times (1000 \sim 1500) = 30 \sim 45\text{V} \qquad (7\text{-}1)$$

我国原规定为 36V。

（2）对于潮湿而又触电危险较大的环境，人体电阻按 650Ω 考虑，则安全电压为

$$U = 30 \times 10^{-3} \times 650 = 19.5\text{V} \qquad (7\text{-}2)$$

我国原规定为 12V。

（3）对于在水下或其他由于触电会导致严重二次事故的环境，人体电阻应按 650Ω 考虑，通过人体的电流应按不引起强烈痉挛的电流 5mA 考虑，则安全电压为

$$U = 5 \times 10^{-3} \times 650 = 3.25\text{V} \qquad (7\text{-}3)$$

对此，我国无规定，国际电工标准会议规定为 2.5V。

国家标准《安全电压》规定安全电压额定值的等级为 42V、36V、24V、12V、6V。

7.1.2　触电事故

1. 触电方式

按人体触及带电体的方式和电流通过人体的路径，触电方式有单相触电、两相触电、接触电压触电以及跨步电压触电。

（1）单相触电。人体的某部分在地面或其他接地导体上，另一部分触及一相带电体的触电事故称单相触电。这时触电的危险程度决定于三相电网的中性点是否接地。一般情况下，接地电网的单相触电比不接地电网的危险性大。

如图 7-1（a）所示为供电网中性点接地时的单相触电，此时人体承受电源

相电压；如图7-1（b）所示为供电网无中线或中线不接地时的单相触电，此时电流通过人体进入大地，再经过其他两相对地电容或绝缘电阻流回电源，当绝缘不良时，会有危险。

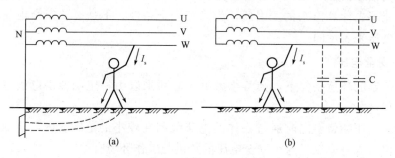

图7-1　单相触电

(a) 中性点接地时的单相触电；(b) 无中线或中线不接地时的单相触电

（2）两相触电。人体两处同时触及两相带电体，称为两相触电，如图7-2所示。这时加到人体的电压为线电压，是相电压的1.732倍。通过人体的电流只决定于人体的电阻和人体与两相导体接触处的接触电阻之和。两相触电是最危险的触电。

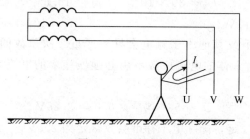

图7-2　两相触电

（3）接触电压触电。电气设备的外壳在正常情况下是不带电的。由于某种原因使外壳带电时，人体与电气设备的带电外壳接触而引起的触电称接触电压触电。例如，三相油冷式变压器U相绕组与箱体接触使其带电，人手触及油箱会产生接触电压触电，相当于单相触电，如图7-3所示。

（4）跨步电压触电。这类事故多发生在故障设备接地体附近。正常情况下，接地体只有很小的电流，甚至没有电流流过。在非正常情况下，接地体电流很大，使散流场内地面上的电位严重不均匀，当人在接地体附近跨步行走时，两只脚处于不同的电位下，这两个电位的电位差称为跨步电压。

下列情况和部位都可能发生跨步电压电击。

1）带电导体，特别是高压导体故障接地处，流散电流在地面各点产生的电

项目7　焊割安全操作技术

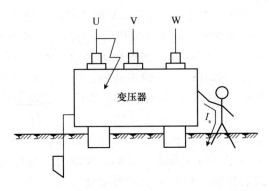

图 7 - 3　接触电压触电

位差造成跨步电压电击。

2）接地装置流过故障电流时，流散电流在附近地面各点产生的电位差造成跨步电压电击。

3）正常时有较大工作电流流过的接地装置附近，流散电流在地面各点产生的电位差造成跨步电压电击。

4）防雷装置承受雷击时，极大的流散电流在其接地装置附近地面各点产生的电位差造成跨步电压电击。

5）高大设施或高大树木遭受雷击时，极大的流散电流在附近地面各点产生的电位差造成跨步电压电击。

跨步电压的大小受接地电流大小、鞋和地面特征、两脚之间的跨距、两脚的方位以及离接地点的远近等很多因素的影响。

2. 触电的危险因素

（1）工作环境。焊工需要在不同的工作环境中进行，按触电的危险性可分为三类，见表 7 - 1。

表 7 - 1　　　　　　　　　　　焊工所在的工作环境类别

环境	特点
普通环境	干燥（相对湿度不超过 75%）；无导电粉尘；由木材、沥青或瓷砖等非导电材料铺设的地面；金属物品所占面积与建筑物面积之比（金属占有系数）小于 20%
危险环境	潮湿（相对湿度超过 75%）；有导电粉尘；由泥、砖、湿木板、钢筋混凝土、金属等材料或其他导电材料制成的地面；金属占有系数大于 20%；炎热、高温（平均温度经常超过 30℃）；人体能同时接触接地导体和电器设备的金属外壳
特别危险环境	作业场所特别潮湿（相对湿度接近 100%）；作业场所有腐蚀性气体、蒸汽、煤气或游离物存在；同时具有上列危险环境的两个条件

（2）焊接电源。焊接电源是与220/380V电力网路连接的，人体一旦接触这部分电气线路（如焊机的插座、开关或破损的电源线等）就很难摆脱。

（3）焊机的空载电压。焊机的空载电压大多超过安全电压，但由于电压不是很高，使人容易忽视。另外，由于焊工在操作中与这部分电气线路接触的机会较多（如焊钳或焊枪、焊件、工作台和电缆等），因此它是焊接触电伤亡事故的主要危险因素。

（4）焊机、电缆漏电。焊机和电缆由于经常性的长时间或超负荷运行，粉尘和蒸汽的腐蚀及室外工作时受风吹、日晒、雨淋等，绝缘易老化变质，电缆易被焊件轧压而绝缘层破损，焊机无保护性接地或接零装置，都容易出现焊机和电缆的漏电现象，而发生触电事故。

（5）焊工带电操作机会多。如更换焊条、调节焊接电流、整理工件等，通常都是带电进行的。

3. 触电事故的原因

焊接的触电事故大致可分为两类：一类是直接触及电焊设备正常运行时的带电体或靠近高压电网和电气设备所发生的电击，即所谓直接电击；另一类是触及意外带电体所发生的电击，即所谓间接电击。意外带电体是指正常时不带电，由于绝缘损坏或电气设备发生故障而带电的导体，如焊机外壳漏电、电缆绝缘外皮破损等。直接电击称为正常情况下的电击，间接电击称为故障情况下的电击。

（1）直接电击。

1）在更换焊条、电极和焊接操作中，手或身体某部位接触到电焊条、焊钳或焊枪的带电部分，而脚或身体其他部位对地和金属结构之间无绝缘防护。在金属容器、管道、锅炉、地沟里以及金属结构上，或当身体大量出汗、阴雨天、潮湿地点焊接，尤其容易发生这类触电事故。

2）在接线、调节焊接电流和移动焊接设备时，手或身体某部位碰触到接线柱、极板等带电体而触电。

3）在登高焊接时触及低压线路或靠近高压网络引起的触电事故等。

（2）间接电击。

1）人体触及漏电的焊机外壳或绝缘破损的电缆而触电。在下列情况下可能造成电焊机外壳漏电：由于线圈潮湿导致绝缘损坏；焊机长期超负荷运行或短路发热致使绝缘降低、烧损；焊机的安装地点和方法不符合安全要求，遭受振动、碰击，而使线圈或引线的绝缘受到机械性损伤并与铁心和外壳短路；维护检修不善或工作现场混乱，致使小金属物如铁丝、铁屑、铜线或小铁管头之类，一端碰到接线柱、电线头等带电体，另一端碰到铁心或外壳而漏电。

2）由于电焊设备或线路发生故障而引起的事故。如焊机的火线与零线接错，使外壳带电，人体碰触壳体而触电。

3）电焊操作过程中，人体触及绝缘破损的电缆、破裂的胶木匣盒等。

4）由于利用厂房内的金属结构、管道、轨道、暖气设施、天车吊钩或其他金属物体搭接起来作为焊接回路而发生的触电事故。

4. 安全要求

（1）焊机的保护性接地和接零。为防止焊机外壳带电，在电网为三相三线制对地绝缘系统中，应安设保护接地；在电网为三相四线制中性点工作接地系统中，应安设保护性接零。

为保证人身安全、防止触电事故而进行的接地，叫作保护接地。焊机保护性接地或接零的安全要求如下。

1）焊机接地的接地电阻，不得超过 4Ω。

2）正确选用接地体，常用钢棒或无缝钢管，打入地下深度不少于 $1m$。严禁用氧气、乙炔管道以及其他可燃易爆物品的容器和管道作为自然接地体。接地体与建筑物的距离一般不应小于 $1.5m$。

3）焊机接地装置的接地体可以利用打入地里的角钢、钢管或铜棒等，其顶面距地面深度不少于 $0.6m$，接地电阻要小于 4Ω。可以利用自然接地体，禁止使用氧气、乙炔等易燃易爆气体管道作为接地装置。焊机的接地体与独立避雷针的接地体之间的地下距离不应小于 $3m$。

选择或建立接地体时应注意，人工接地体与建筑物的距离一般不应小于 $1.5m$。

4）所有电焊设备的接地线或接零线，不得串联接入接地体或接零线干线。

5）除焊机的外壳必须接地（或接零）外，焊接变压器二次绕组与焊件连接的一端也必须接地（或接零），其作用是当焊接变压器一次线圈与二次线圈的绝缘击穿，高压出现在二次回路时，这种接地或接零装置就能保证焊工的安全。但是应特别注意避免焊机和焊件的双重接地，如果二次绕组的一端接地或接零，焊件则不应再接地或接零，如图 7-4 所示。为此特别规定：凡是对有接地或接零装置的焊件（如机床部件、储罐等）进行电焊时，应将焊件的接地线或接零线暂时拆除，待焊完后再恢复；焊接与大地紧密相连的焊件（如自来水管路、埋地较深的金属结构等）时，如果焊件的接地电阻小于 4Ω，则应将焊机二次绕组一端的接地线或接零线暂时解开，焊完后再恢复。这也就是说变压器二次端与焊件不应同时存在接地或接零。

当有焊机二次端与焊件的双重接地或接零时，一旦二次回路接触不良，大的焊接电流可能将接地线或接零线熔断，不但使人身安全受到威胁，而且容易引起火灾。

6）用于接地或接零的导线应有足够的截面积。接地线截面积一般为相线截

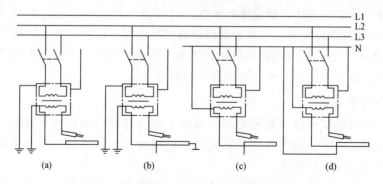

图 7 - 4　焊机与焊件接地和接零的正误

（a）正确的接地；（b）错误的接地；（c）正确的接零；（d）错误的接零

面积的 1/3～1/2；接零线截面积的大小，应保证其容量（短路电流）大于离电焊机最近处的熔断器额定电流的 2.5 倍，或者大于相应的自动开关跳闸电流的 1.2 倍。采用铝线、铜线和钢丝的最小截面，分别不得小于 $6mm^2$、$4mm^2$、$12mm^2$；接地或接零线必须用整根的，中间不得有接头。与焊机及接地体的连接必须牢靠，用螺栓拧紧。在有振动的地方，应当用弹簧垫圈、防松螺母等防松动措施。固定安装的电焊机，上述连接应采用焊接。

7）注意接线顺序。安装时应首先将导线接到接地线上或零线干线上，然后将另一端接到电焊机外壳上。拆除时反之。

（2）焊接电缆的安全要求。焊接电缆使用时应注意长度要适当、截面积要合理、接头尽量少以及维护检修等方面。

1）连接电焊机与焊钳的电缆线，长度根据作业需要选择，但不宜超过 20～30m，应拉直使用。

2）电焊机用的电缆用 YHH 型或 YHHR 型，其截面要求根据电焊机额定输出电流的规定选用，电缆上的电压降不超过 4V。焊接电缆截面与最大焊接电流和电缆长度的关系见表 7 - 2。

表 7 - 2　　　　　焊接电缆截面与最大焊接电流和电缆长度的关系

最大焊接电流/A ＼ 导线截面面积/mm² ＼ 电缆长度/m	15	30	45
200	30	50	60
300	50	60	80
400	50	80	100
600	60	100	—

3）电缆外皮必须完整、绝缘良好，一般是用紫铜芯线外包胶皮绝缘套制成。绝缘电阻不得小于 $1M\Omega$。电缆外皮破损时，应及时修补完好。

4）焊接电缆应使用整根导线，尽量不带有连接接头。如需用短线接长时，则接头不应超过 2 个，接头应采用铜材料做成，并须连接牢固可靠，保证绝缘良好。

5）安装电缆之前，必须将电缆铜接头、焊钳或地线夹头可靠地装在焊接电缆两端。铜接头要在电缆端部的铜线上灌锡卡，保证电缆铜接头与电焊机输出端或焊钳接触良好。

6）焊接电缆不要放在钢板或工件上。焊接电缆横过马路或通道时，必须采取外套保护措施。严禁搭在气瓶或易燃物品的容器和材料上。

7）严禁利用厂房的金属结构、轨道、管道、暖气等设施或其他金属物体搭接起来作为焊接电缆。

8）严禁将焊接电缆放在电弧附近或炽热的焊缝金属旁，避免高温烧坏绝缘层。横穿道路或马路时，应加保护套或遮盖，避免碾压磨损等。

（3）焊钳（焊枪）安全技术。焊钳和焊枪是焊条电弧焊、气体保护电弧焊、等离子弧焊的主要工具。它与焊工操作的安全有直接关系，必须符合下列安全要求。

1）焊钳和焊枪与电缆的连接必须简便牢靠，接触良好。否则长时间的大电流通过，连接处易发生高热。连接处不得外露，应有屏护装置或将电缆的部分长度深入到握柄内部，以防触电。

2）电焊钳必须具有良好的绝缘性能与隔热能力，由于电阻热往往使焊把发热烫手，因此手柄要有良好的绝热层。

焊钳的导电部分应采用纯铜材料制成，焊钳与焊接电缆的联结应简便牢靠、接触良好。

3）焊条位于水平 45°、90°等方向时，焊钳都应能夹紧焊条，并保证更换焊条安全方便。

4）电焊钳应保证操作灵便，焊钳质量不得超过 600g，结构轻便。

5）禁止将过热的焊钳浸在水中冷却后使用。

6）焊枪密封性能良好，等离子焊枪应保证水冷系统密封，不漏气、不漏水。

5. 预防措施

为了防止在电焊操作中人体触及带电体发生触电事故，可采取绝缘、屏护、间隔、自动断电和个人防护等安全措施。

（1）绝缘。绝缘不仅是保证电焊设备和线路正常工作的必要条件，也是防止触电事故的重要措施。塑料、橡胶、瓷、胶木、布等都是电气设备和工具常用的绝缘材料。

（2）屏护。屏护是采用遮栏、栅栏、护罩、护盖、箱匣等安全防护措施把带电体同外界隔绝开来。屏护装置不能直接与带电体接触，对所用材料的电性能没有严格要求，但应当有足够的机械强度和良好的耐火性能。焊机的有些屏护装置是用金属材料制成（如开关箱等），为防止意外带电造成触电事故，金属的屏护装置应接地或接零。

（3）间隔。间隔是在带电体与地面之间、设备与设备之间及带电体相互之间保持一定的安全距离。在电焊设备和焊接电缆布设等方面都有具体规定。

（4）自动断电装置。在电焊机上安装空载自动断电装置，可以保证焊工在更换电焊条时，使空载电压降至安全电压范围内，既能防止触电又能降低空载损耗，具有安全和节电的双重意义。在容器、管道或地沟里，以及登高电焊作业时，焊机必须安装空载自动断电保护装置。

焊机空载自动断电保护装置主要由接触器、变压器（200V/12V）和继电器等组成，其基本原理如图7-5所示。

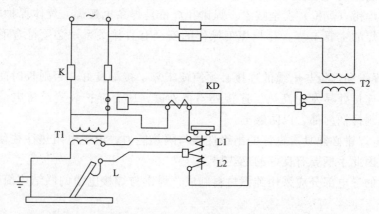

图7-5　焊机自动断电装置基本原理

KD—接触器；T1—变压器；K—继电器；T2—电源；L—线圈

若没有此装置时，焊工可将焊条放在焊帽上夹持。

（5）个人保护。在普通环境焊接时，要戴绝缘手套，穿绝缘鞋，使用绝缘垫板等，并穿好工作服。在危险的环境中焊接时，应根据情况采用绝缘帽、绝缘鞋、绝缘器材等，必要时，应使用全套绝缘服。

6. 触电急救

从事电焊操作的人员，有必要对触电者进行抢救基本方法的教育和训练。运用有效的紧急抢救措施，就有可能把焊工从遭受致命电击的死亡边缘上抢救回来。

项目7　焊割安全操作技术

　　焊工在地面、水下和登高作业时，可能发生低压（1000V以下）和高压（1000V以上）的触电事故。触电者的生命能否得救，在绝大多数情况下取决于能否迅速脱离电源和救护是否得法。下面着重讨论触电急救的要领。

　　（1）解脱电源。触电事故发生后，严重电击引起的肌肉痉挛有可能使触电者从线路或带电的设备上摔下来，但有时可能"冻结"在带电体上，电流则不断通过人体。为抢救后一种触电者，迅速解脱（断开）电源是首要措施。

　　1）低压触电事故。发生低压触电事故后，应立即采取以下紧急措施。

　　a.电源开关或插座在触电地点附近时，可立即拉开开关或拔出插头，断开电源。但必须注意，拉线开关和平开关只能断开一根线，此时有可能因没有切断相线，而触电者仍未脱离电源。

　　b.如果电源开关或插座在远处，可用有绝缘柄的电工钳等工具切断电线，断开电源；或用干木板等绝缘物插入触电者身下，以隔断电流。

　　c.如果触电者的衣服是干燥的，又没有紧缠在身上，可以用两只手抓住触电者的衣服，使其脱离电源。但因触电者的身体是带电的，鞋的绝缘也可能遭到破坏，救护人员不得接触触电者的皮肤，也不能抓住他的鞋。

　　d.若电线搭落在触电者身上或被压在身下，可用干燥的绳索、木棒等绝缘物作为工具，拉开触电者或拨开电线，使触电者脱离电源。

　　2）高压触电事故。发生高压触电事故后，应立即采取以下紧急措施。

　　a.立即通知有关部门停电。

　　b.戴上绝缘手套，穿上绝缘靴，采用相应电压等级的绝缘工具拉开开关或切断电线。

　　c.采用抛、掷、搭、挂裸金属线等使线路短路接地，迫使保护装置动作，断开电源。但必须注意，金属线的一端应先可靠接地，然后抛掷另一端。抛掷的另一端不可触及触电者和其他人。

　　3）注意事项。上述使触电者脱离电源的方法，应根据具体情况，以迅速而又安全可靠为原则来选择采用，同时要遵循以下注意事项。

　　a.防止触电者脱离电源后可能的摔伤，特别是触电者在登高作业的情况下，应考虑防摔措施。即使在平地，也要考虑触电者倒下的方向，防止摔伤。

　　b.救护人员在任何情况下都不可直接用手或其他金属或潮湿的物件作为救护工具，而必须使用适当的绝缘工具。救护人员最好用一只手操作，以防自己触电。

　　c.夜间发生触电事故时，应迅速解决照明问题，以利于抢救，并避免扩大事故。

　　（2）救治方法。当触电者脱离电源后，应根据触电者的具体情况，迅速地对症救治。现场应用的主要方法是人工呼吸法和心脏按压法。

1）对症救护。对于需要救护者，应按下列情况分别处理。

a. 如果触电者伤势不重、神志清醒，但有些心慌、四肢发麻、全身无力，或触电者曾一度昏迷，但已清醒过来，应使触电者安静休息，不要走动；注意观察并请医生前来治疗或送往医院。

b. 如果触电者伤势较重，已经失去知觉，但心脏跳动和呼吸尚未中断，应使触电者安静地平卧；保持空气流通，解开其紧身衣服以利呼吸；如天气寒冷，应注意保温；并严密观察，速请医生治疗或送往医院。如果发现触电者呼吸困难、稀少或发生痉挛，应准备心脏跳动或呼吸停止后立即作进一步抢救。

c. 如果触电者伤势严重，呼吸停止或心脏跳动停止，或二者都已停止，应立即施行人工呼吸和胸外挤压法急救，并速请医生治疗或送往医院。

应当注意，急救应尽快开始就地进行，不能等候医生的到来。

2）人工呼吸法。人工呼吸法是在触电者伤势严重，呼吸停止时应用的急救方法。各种人工呼吸法中，以口对口（鼻）人工呼吸法效果最好，而且简单易学，容易掌握。其操作要领如图 7-6 所示。

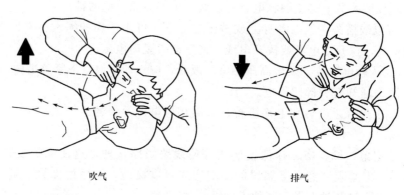

吹气　　　　　　　　　　　　　排气

图 7-6　人工呼吸法

a. 使触电者仰卧，将其头部侧向一边，张开触电者的嘴，清除口中的血块、假牙、呕吐物等异物；解开衣领使其呼吸道畅通；然后使触电者头部尽量后仰，鼻孔朝天，下颚尖部与前胸部大致保持在一条水平线上。

b. 使触电者鼻孔紧闭，救护人深吸一口气后紧贴触电者的口向内吹气，为时约 2s。

c. 吹气完毕，立即离开触电者的口，并松开触电者的鼻孔，让他自行呼气，为时约 3s。如此反复进行。

3）心脏按压法。如果触电者呼吸没停，而心脏跳动停止了，则应当进行胸外心脏按压。应使触电者仰卧在比较坚实的地面或木板上，与上述人工呼吸法的姿势相同。操作方法如图 7-7 所示。

图 7-7　心脏按压法

　　a. 救护人跪在触电者腰部一侧或骑跪在他身上，两手相叠。手掌根部放在离心窝稍高一点的地方，即两乳头间略下，胸骨下 1/3 处。

　　b. 掌根用力向下（脊背方向）挤压，压出心脏里面的血液。对成年人应压陷 3～4mm，每秒钟挤压一次，每分钟挤压 60 次为宜。

　　c. 挤压后掌根迅速全部放松，让触电者胸廓自动复原，血液充满心脏，放松时手掌根不必完全离开胸廓。如此反复进行。

　　应当指出，心脏跳动和呼吸是互相联系的，心脏跳动停止了，呼吸很快就会停止；呼吸停止了，心脏跳动也维持不了多久。一旦呼吸和心脏跳动都停止了，则应当同时进行口对口人工呼吸和胸外心脏按压。如果现场仅一个人抢救，则两种方法交替进行：每吹气 2～3 次，再挤压 10～15 次。触电急救工作贵在坚持不懈，切不可轻率中止。急救过程中，如果触电者身上出现尸斑或僵冷，经医生作出无法救活的诊断后，方可停止人工"抢救"。

7.2　防火防爆技术

　　火灾和爆炸是焊接操作中容易发生的事故，火灾和爆炸事故有以下特点。

　　（1）严重性。火灾和爆炸易造成重大、多人伤亡事故，并使国家财产遭受重大损失，后果特别严重。

　　（2）复杂性。发生火灾和爆炸事故的原因往往比较复杂，构成事故条件的种类及状态多种多样，且往往伴随有毒气体的释放。

　　（3）突发性。目前对火灾和爆炸事故的监测、报警等手段不理想造成事故突发较多，另外，对事故的规律及征兆了解和掌握得不够。

7.2.1　火灾与爆炸事故的原因

　　火灾和爆炸事故的原因具有复杂性。但焊接作业过程中发生的这类事故主要是由于操作失误、设备的缺陷、环境和物料的不安全状态、管理不善等引起的。因此，火灾和爆炸事故的主要原因基本上可以从环境、设备、物料、人和管理等方面加以分析。

（1）环境原因。例如，焊割作业现场杂乱无章，在电弧或火焰附近以及登高焊割作业点下方（周围 10m 内）存放可燃易爆物品，高温、通风不良、雷击等。

（2）设备原因。例如，焊割设备缺乏必要的安全防护装置、密闭不良、制造工艺的缺陷，设计错误且不符合防火或防爆的要求、选材不当等。

设备原因中最常见的是电器设备和线路过热造成的危险温度。

电焊设备运行时总是要发热的，这是由于存在导体电阻和接触部位电阻的电阻热；利用电磁感应进行工作的电焊设备，交变磁场在铁磁材料中产生磁滞损耗和涡流损耗，也会使温度升高；另外，当电焊设备绝缘质量降低时，通过绝缘材料的泄漏电流增加，也会导致绝缘材料温度升高。

对于结构性能正常和正确运行的电焊设备，稳定运行时（发热及散热平衡时），其最高温度与最高温升（最高温度与周围环境温度之差）都不会超过某一允许范围：如塑料绝缘线的最高温度一般不超过 70℃；橡皮绝缘线的最高温度一般不超过 65℃。这就是说，电焊设备正常的发热是允许的。但是当其正常运行遭到破坏时，发热量增加，温度升高，在一定条件下可以引起火灾，甚至导致爆炸。

引起电焊设备过度发热的不正常运行大致有以下几种原因。

1）短路。发生短路时，短路电流要比正常电流大几倍到几十倍，而电流产生的热量又与电流平方成正比，温度急剧上升并超过允许范围。焊接电源绝缘层的老化变质、失去绝缘能力、操作失误等均可造成短路事故。

2）超负荷。导线通过电流的大小是有规定的。在规定范围内，允许连续通过而不致使导线过热的电流量，称为导线的安全电流。超过安全电流值，则称为导线超负荷。它使导线过热而加速绝缘层老化、变质损坏引起短路着火事故。

3）接触电阻过大。接触部位（导线与导线连接、导线与接线柱的连接等）是电路中的薄弱环节，也是发生过热的一个重点部位。局部接触不良将使局部接触电阻过大而产生过热，使得导线、电缆的金属芯变色甚至熔化，并能引起绝缘材料、可燃物质或积留的可燃性灰尘燃烧。

4）其他原因。通风不好、散热不良等造成焊机过热；弧焊变压器的铁心绝缘损坏或长时间过电压，使涡流损耗和磁滞损耗增加也可引起过热等。

（3）物料原因。焊割设备（乙炔瓶、氧气瓶等）在运输装卸时受剧烈震动、撞击，可燃物质的自燃、各种危险物品的相互作用等。

（4）人为因素。对焊割作业发生的大量火灾与爆炸事故的调查和分析表明，有不少事故是由于操作者缺乏有关的科学知识、在火灾与爆炸险情面前思想麻痹、存在侥幸心理、不负责任、违章作业等引起的。在事故发生之前漫不经心，事故发生时则惊慌失措。

（5）管理原因。规章制度不健全，没有合理的安全操作规程，没有设备的计划检修制度；焊割设备和工具年久失修；生产管理人员不重视安全，不重视宣传教育和安全培训等。

7.2.2　防火防爆的技术措施

（1）防火的技术措施。

1）消除火源。防火的基本原则主要应建立在消除火源的基础之上。无论人们是在何处，都经常处在各种可燃物质包围之中，而这些物质又存在于人们生活所必不可少的空气中。这就是说，具备了引起火灾燃烧的三个基本条件中的两个条件。这就要求我们必须做到消除火源。只有这样，才能在绝大多数情况下满足预防火灾和爆炸的基本要求。

火源的种类有很多，如电能转化的火源（电火花、电弧、静电放电、短路、雷击、手机等）、机械能转化的火源（摩擦、撞击、绝热压缩等）、化学能转化的火源（自热自燃、化学反应热、各种明火等）、热表面（烟筒、暖气片、炽热物体等）、光能（日光照射等）。

消除火源的措施很多，如在电石库及其他防爆车间安装防爆灯具，在操作乙炔瓶或乙炔发生器时禁止烟火，又如接地、避雷、防静电、隔离和控温等。

2）控制可燃物。防止燃烧三个基本条件中的任何一条，都可防止火灾的发生。如果采取消除燃烧条件中的两条，就更具安全可靠性。例如，在电石库防火条例中，通常采取防止火源和防止产生可燃物乙炔的各种有关措施。

控制可燃物的措施主要有：防止可燃物质的跑、冒、滴、漏，如防止乙炔瓶、乙炔发生器、液化石油气瓶、乙炔管道漏气；对于那些相互作用能产生可燃气体或蒸汽的物品应加以隔离，分开存放。在生活中和生产的可能条件下，以难燃和不燃材料代替可燃材料，如用水泥代替木材建筑房屋；降低可燃物质（可燃气体、蒸气和粉尘）在空汽中的浓度，如化工和燃料设备管道置换焊补，用惰性介质（N_2、CO_2 等）吹扫可燃气体或蒸汽。

3）隔绝空气。在必要时可以使生产在真空条件下进行，或在设备容器中充装惰性介质保护。例如，乙炔发生器在加料后，应采取惰性介质氮气吹扫发气室；也可将可燃物隔绝空气贮存，如钠存于煤油中，磷存于水中，二硫化碳用水封存放等。

4）防止火灾范围扩大。防止形成新的燃烧条件，阻止火灾范围的扩大。设置阻火装置，如在乙炔发生器上设置水封回火防止器，或水下气割时在割炬与胶管之间设置阻火器，一旦发生回火，可阻止火焰进入乙炔罐内，或阻止火焰在管道里蔓延；在车间或仓库里修筑防火墙，安装防火门，或在建筑物之间留防火间距，一旦发生火灾，使之不能形成新的燃烧条件，从而防止扩大火灾范围。

5）建立火灾报警系统。建立完善的火灾自动报警系统。由于火灾的发展过程有初起阶段（冒烟、阴燃）、发展阶段、强盛阶段、减弱阶段和熄灭阶段，因此，可利用初起阶段的特征，研制和安装感烟报警器、感热报警器和感光报警器等。

（2）防爆的技术措施。

1）预防形成爆炸性混合物。

a. 防止泄漏。即防止可燃气体、蒸汽和粉尘的跑、冒、滴、漏。

b. 正压操作。防止空气进入容器和燃气管道系统。

c. 通风换气。及时排出车间或库房的可燃物。

d. 色标。如规定气焊与气割的乙炔胶管为红色，氧气胶管为蓝色；氧气瓶外表涂天蓝色，乙炔瓶涂白色，液化石油气瓶涂银灰色等。

e. 惰性介质保护。

f. 其他。如多位阀、置换动火等。

2）消除火源。同上文防火的技术措施。

3）削弱爆炸威力的升级。在乙炔发生器的罐体安装爆破片（防爆膜），还有抑爆装置等。

4）安装防爆安全装置。总的来说，包括阻火装置（水封式回火防止器、干式阻火器等）、泄压装置（安全阀、爆破片）、指示装置（压力表、温度计、水位计）、抑爆装置等。

5）测爆仪。使用检测环境中可燃气体或粉尘浓度的测爆仪进行监测。

7.2.3　火灾爆炸事故紧急处理方法

（1）扑救初起火灾和爆炸事故的安全原则。

1）及时报警，积极主动扑救。焊割作业地点及其他任何场所一旦发生着火或爆炸事故，都要立即报警。在场的作业人员不应惊慌，而应沉着冷静，利用事故现场的有利条件（如灭火器材、干砂、水池等）积极主动地投入扑救工作，消防人员到达后，也应在统一指挥下协助和配合。

2）遵循救人重于救火的原则。火灾爆炸现场如果有人被围困时，首要的任务就是把被围困的人员抢救出来。

3）疏散物质、建立空间地带。拆除与火源毗连的易燃建筑物，形成阻止火势蔓延的空间地带。将受到火势威胁的物质疏散到安全地带，以阻止火势的蔓延，减少损失。抢救顺序是，先抢救贵重物质，后抢救一般物质。

4）扑救工作应有序进行。扑救工作应有组织、有秩序地进行，并且应特别注意安全，防止人员伤亡。

（2）电气火灾的紧急处理。焊割作业场所发生电气火灾时的紧急处理方法主要有。

1）迅速切断焊割设备和其他设备的电源，保证灭火的顺利进行。其具体方法是：通过各种开关来切断电源，但关掉各种电气设备和拉闸时的动作要快，以免拉闸过程中产生的电弧伤人；通知电工剪断电线来切断电源，对于架空线，应在电源来的方向断电。

2）禁止无关人员进入着火现场，以免发生触电伤亡事故。特别是对于有电线落地、已形成了跨步电压或接触电压的场所，一定要划分出危险区域，并设置明显的标志，派专人看管，以防误伤人。

3）正确选用灭火剂进行扑救。扑救电气火灾的灭火剂通常有干粉、卤代烷、二氧化碳等，在喷射过程中要注意保持适当距离。

4）采取安全措施，严禁带电进行灭火。用室内消火栓灭火是最常用的重要手段。为此，要采取安全措施，即扑救者要穿戴绝缘手套、胶靴，在水枪喷嘴处连接接地导线等，以保证人身安全和有效地进行灭火。在未断电或未采取安全措施之前，不得用水或泡沫灭火器救火，否则容易触电伤人。

（3）气焊与气割设备着火的紧急处理。

1）电石桶、电石库房等着火时，不能用水或泡沫灭火器救火，因为泡沫灭火剂化学反应产生的水分可助长电石分解，使火势扩大；也不能用四氯化碳灭火器扑救，应当用干砂、干粉灭火器和二氧化碳灭火器扑救。

2）乙炔发生器着火时，应先关闭出气阀门，停止供气并使电石与水脱离接触。可用二氧化碳灭火器或干粉灭火器扑救，禁止用四氯化碳灭火器、泡沫灭火器或水进行扑救。采用四氯化碳灭火器扑救乙炔引起的火灾，不仅会发生乙炔与氯气混合气爆炸的危险，而且还会产生剧毒气体光气（$COCl_2$）。

3）液化石油气瓶在使用或贮运过程中，如果瓶阀漏气而又无法制止时，应立即把瓶体移至室外安全地带，缓慢打开瓶阀，逐渐释放内存的气体，直到瓶内气体排尽为止。同时，在气态石油气扩散所及的范围内，禁止出现任何火源，并做相应的警告通知。

如果瓶阀漏气着火，应立即关闭瓶阀。若无法靠近时，应立即用大量冷水喷注，使气瓶降温，抑制瓶内升压和蒸发，然后关闭瓶阀，切断气源灭火。

4）氧气瓶着火时，应迅速关闭氧气阀门，停止供氧，使火自行熄灭。如邻近建筑物或可燃物失火，应尽快将氧气瓶搬出，转移到安全地点，防止受火场高热影响而爆炸。

（4）灭火措施。一旦发生火灾，只要消除燃烧条件中的任何一条，火就会熄灭，这就是灭火技术的基本理论。在此基本理论指导下，常用的灭火方法有隔离、冷却和窒熄（隔绝空气）等。

1）隔离法。隔离法是将可燃物与火源（火场）隔离开来，使燃烧停止。例如，装盛可燃气体、可燃液体的容器或管道发生着火事故或容器管道周围着火时，应立即采取以下措施。

a. 设法关闭容器与管道的阀门，使可燃物与火源隔离，阻止可燃物进入着火区。

b. 将可燃物从着火区搬走，或在火场及其邻近的可燃物之间形成一道"水墙"加以隔离。

c. 阻拦正在流散的可燃液体进入火场，拆除与火源毗连的易燃建筑物等。

2）冷却法。冷却法是将燃烧物的温度降至着火点（燃点）以下，使燃烧停止。也可将邻近着火场的可燃物温度降低，避免形成新的燃烧条件。如常用水或干冰（二氧化碳）进行降温灭火。

3）窒熄法。窒熄法是消除燃烧条件之一的助燃物（空气、氧气或其他氧化剂），使燃烧停止。主要是采取措施，阻止助燃物进入燃烧区，或者用惰性介质和阻燃性物质冲淡稀释助燃物，使燃烧得不到足够的氧化剂而熄灭。

采取窒息法的常用措施有。

a. 用惰性介质或水蒸气充满容器设备，将正在着火的容器设备封严密闭。

b. 用不燃或难燃材料捂盖燃烧物等。

c. 将灭火剂如四氯化碳、二氧化碳、泡沫灭火剂等不燃气体或液体喷洒覆盖在燃烧物表面上，使之不与助燃物接触。

为能迅速地扑灭生产过程中发生的火灾，必须按照生产工艺过程的特点、着火物质的性质、灭火物质的性质及取用是否便利等原则来选择灭火剂。否则，灭火效果有时会适得其反。

不同类别火灾灭火器的配置见表 7-3。

表 7-3 不同类别火灾灭火器的配置

火灾类别	A	B	C	D	E
适用的灭火器	水系、泡沫、磷酸盐干粉（ABC）灭火器	干粉、泡沫、二氧化碳、卤代烷灭火器	干粉、二氧化碳、卤代烷灭火器	金属火灾用干粉专用灭火器	干粉、二氧化碳、卤代烷灭火器

7.3 特殊焊割作业安全技术

在化工、石油、建筑、造船、沿海大陆架开发和海上打捞工程中，需要在特殊的作业环境如水下或高空进行焊割操作；在焊接加工对象具有易燃易爆等特殊危险性时，如油罐、燃气管道等的检修焊补，必须采取相应的措施，以确保焊补过程的安全。

7.3.1　燃料容器、管道焊补

燃料容器（桶、罐等）与管道因受腐蚀或因材料和制造工艺有缺陷，在使用中可能产生穿孔和裂缝而需焊补。这类焊接操作往往任务急、时间紧，需在易燃易爆易中毒的情况下进行，有时甚至还要在高温高压下进行抢修焊补，稍有疏忽，就极易发生爆炸、火灾和中毒等事故。某些情况下这类事故往往可引起整座厂房或整个燃料供应系统爆炸着火，后果极为严重。

1. 燃料容器、管道的焊补方法

燃料容器、管道的焊补，目前主要有置换动火与带压不置换动火两种方法。

（1）置换动火焊补。置换动火就是在焊接动火前实行严格的惰性介质置换，将原有的可燃物排出，使设备管道内的可燃物含量达到安全要求，经确认不会形成爆炸性混合物后，才动火焊补的方法。

置换动火是人们从长期生产实践中总结出来的经验，它将爆炸的条件减到最少，是比较安全妥善的办法，在设备、管道的检修工作中一直被广泛采用。但是采用置换法时，设备或管道需暂停使用，需要用惰性介质进行置换，置换过程中要不断取样分析，直至合格后才能动火，动火以后还要再置换。这样的方法手续多，置换作业耗费时间长，影响生产。此外，如系统设备管道中弯头死角多，往往不易置换干净而留下事故隐患。若置换不彻底，仍有发生爆炸的危险。

（2）带压不置换动火焊补。燃料容器的带压不置换动火，要求严格控制氧的含量，使工作场所不能形成达到爆炸范围的混合气体，在燃料容器或管道处于正压状态条件下进行焊补。通过对含氧量的控制，使可燃气体含量大大超过爆炸上限，然后让它以稳定不变的速度，从设备或管道的裂缝处逸出，与周围空气形成一个燃烧系统。点燃可燃性气体，并以稳定的条件保持这个燃烧系统，控制气体在燃烧过程中不致发生爆炸。

燃料、容器的带压不置换动火，目前主要用于可燃液体和可燃气体容器管道的焊补。它不需要置换原有的液体或气体，有时可以在不停车的情况下进行（如焊补气柜）。只要有专人负责控制关键岗位气体中氧的含量和压力符合要求并保持稳定即可。它的手续少，作业时间短，有利于生产。但是它的应用有一定的局限性，只能在连续保持一定压力的情况下进行。另外，这种方法只能在设备管道外面动火，如果需要在设备管道内动火，必须采取置换动火作业法。

带压不置换动火在理论上和技术上都是可行的。只要严格遵守安全操作规程，同样也是安全可靠的。但与置换动火比较，带压不置换动火的安全性稍差，同时有关理论尚需进一步研究。

2. 发生爆炸火灾事故的原因

化工燃料容器与管道的检修焊补发生爆炸火灾事故的原因有：

（1）焊接动火前对容器内的可燃物质置换不彻底，取样化验和检测数据不准确，取样化验检测部位不适当等，造成在容器管道内或动火点的周围存在着爆炸性混合物。

（2）在焊补操作过程中，动火条件发生了变化未引起及时注意。

（3）动火检修的容器未与生产系统隔绝，致使易燃气体或蒸汽互相串通，进入动火区段；或是一面动火，一面生产，互不联系，在放料排气时遇到火花。

（4）在尚具有燃烧和爆炸危险的车间、仓库等室内进行焊补检修。

（5）烧焊未经安全处理或未开孔洞的密封容器。

3. 安全措施

（1）置换动火的安全措施。置换动火具有较好的安全性，并有长期积累的丰富经验，所以一直被广泛地应用。但是如果系统和设备的弯头、死角多，往往不易置换干净而留下隐患。置换的不彻底及其他因素也还是有发生爆炸的危险。为确保安全，必须采取下列安全技术措施，才能有效防止爆炸着火事故的发生。

1）可靠隔离。燃料容器与管道停止工作后，通常采用盲板将与之联结的管路截断，使焊补的容器管道与生产的部分完全隔离。盲板除必须保证严密不漏气外，还应保证能耐管路的工作压力，避免盲板受压破裂。盲板强度可按平封头计算。其关系式如下

$$S = 0.43D_c \sqrt{\frac{p}{[\sigma]_t}} \qquad (7-4)$$

式中　　S——盲板厚度；

　　　　D_c——管路直径；

　　　　p——系统对盲板的压力；

　　　　$[\sigma]_t$——在工作温度下的许用应力。

此外，还可在盲板与阀门之间加设空管或压力表，并派专人看守，否则应将管路拆卸一节。短时间的动火检修可用水封切断气源，但须设专人看守水封溢流管的溢流情况，防止水封失效。

可靠隔离的另一种措施是在厂区或车间内划定固定动火区。可拆卸并有条件移动到动火区焊补的物体，必须移到固定动火区内进行焊补。固定动火区必

须符合下列防火与防爆要求。

　　a. 室内的固定动火区与防爆的生产现场要隔开，不能有门窗、地沟等串通。

　　b. 无可燃物管道和设备，并且周围距易燃易爆设备管道10m以上。

　　c. 要常备足够数量的灭火工具和设备。

　　d. 在正常放空或一旦发生事故时，可燃气体或蒸汽不能扩散到固定动火区。

　　e. 固定动火区内禁止使用各种易燃物质，如易挥发的清洗油、汽油等。

　　f. 周围要划定界线，并有"动火区"字样的安全标志。在未采取可靠的安全隔离措施之前，不得动火焊补检修。

　　2）严格控制可燃物含量。焊补前，通常采用蒸汽蒸煮并用置换介质吹净等方法将容器内部的可燃物质和有毒性物质置换排出。

　　在置换过程中要不断取样分析，严格控制容器内的可燃物含量，必须达到合格量，以保证符合安全要求，这是置换动火焊补防爆的关键。在可燃容器外焊补，操作者不需进入容器内，其内部的可燃物含量不得超过爆炸下限的$1/4 \sim 1/5$；如果需进入容器内操作，除保证可燃物不得超过上述的含量外，由于置换后的容器内部是缺氧环境，所以还应保证含氧量为$18\% \sim 21\%$，毒物含量应符合《工业企业设计卫生标准》的规定。

　　常用的置换介质有氮气、二氧化碳、水蒸汽或水等。

　　未经置换处理，或虽已置换但尚未分析化验气体成分是否合格的燃料容器，均不得随意动火焊补。

　　3）严格清洗工作。检修动火前，设备管道的里外都必须仔细清洗。有些可燃易爆介质被吸附在容器、管道内表面的积垢或外表面的保温材料中，由于温差和压力变化的影响，置换后也还能陆续散发出来，导致操作中气体成分发生变化，即动火条件发生变化而造成爆炸着火事故。设备管道的清洗工作要根据具体情况符合下列要求。

　　a. 油类容器、管道的清洗，可以用10%（重量百分数）的氢氧化钠（即火碱）水溶液清洗数遍，也可以通入水蒸汽进行蒸煮，然后再用清水洗涤。配制碱液时，应先加冷水，然后才能分批加入计算好的火碱碎块（切忌先加碱块后加水，以免碱液发热涌出而伤害焊工），搅拌溶解。有些油类容器如汽油桶，因汽油较易挥发，故可直接用蒸汽流吹洗。

　　b. 酸性容器壁上的污垢、黏稠物和残酸等，要用木质、铝质或含铜70%以下的黄铜工具手工清除。

　　c. 盛装其他介质的设备管道的清洗，可以根据积垢的性质，采取酸性或碱性溶液。例如清除铁锈等，用浓度为$8\% \sim 15\%$的硫酸比较合适，因为硫酸可使各种形式的铁锈转变为硫酸亚铁。

　　d. 为了提高工作效率和减轻劳动，可以采用水力机械、风动或电动机械以及喷丸等清洗除垢法。喷丸清理积垢，具有效率高、成本低等优点。但禁止用喷沙除垢。

e. 在无法清洗的特殊情况下，在容器外焊补动火时应尽量多灌装清水，以缩小容器内可能形成爆炸性混合物的空间。容器顶部须留出与大气相通的孔口，以防止容器内压力的上升。在动火时应保证不间断地进行机械通风换气，以稀释可燃气体和空气的混合物。

4）气体分析和监视。在置换作业过程中和检修动火开始前30min内，必须从容器内外的不同地点取混合气样品进行化验分析，检查合格后才可开始动火焊补。

在动火过程中，还要用仪表监视。由于可能从保温材料中陆续散发出可燃气体或虽经清水或碱水清洗，却由于焊接的热量把底脚泥或桶底卷缝中的残油赶出来，蒸发成的可燃蒸汽。所以焊补过程中需要继续用仪器监视，仪器监视可及时发现可燃气浓度的上升趋势，达到危险浓度时，要立即暂停动火，再次清洗直到合格为止。

5）增加泄压面积。动火焊补前应打开容器的入孔、手孔、清扫孔和放散管等。严禁焊补未开孔洞的密封容器。

进入容器内采用气焊动火时，点燃和熄灭焊枪的操作均应在容器外部进行，防止过多的乙炔气聚集在容器内。

6）安全管理措施。

a. 在检修动火前必须制订计划。计划中应包括进行检修动火作业的程序、安全措施和施工草图。施工前应与生产人员和救护人员联系并应通知厂内消防队。

b. 检修动火前除应准备必要的材料、工具外，还必须准备好消防器材。在黑暗处或夜间工作，应有足够的照明，并准备好带有防护罩的手提低压（12V）行灯等。

c. 在工作地点周围10m内应停止其他用火作业，并将易燃物品移到安全场所。电焊机二次回路电缆及气焊设备乙炔胶管要远离易燃物，防止操作时因线路发生火花或乙炔胶管漏气造成起火。

（2）带压不置换动火的安全措施。燃料容器的带压不置换动火是一项新技术，爆炸因素比置换动火时变化多，稍不注意就会给国家财产和人身安全造成严重危害。操作时控制系统压力和氧含量的岗位以及化验分析等都要有专人负责、消防部门应密切配合。在企业管理健全、安全工作好、技术力量强的工厂企业，在上级领导部门许可和监督下可以试行这种方法。企业管理不健全、安全工作基础差、技术力量不足的企业，特别是小型企业，一般不宜采取这种方法。必须明确指出，在企业各有关生产和安全部门未采取有效措施前，焊工不得擅自进行带压焊补操作。

1）严格控制氧含量。带压动火焊补之前，必须进行容器内气体成分的分析，以保证其中氧的含量不超过安全值。

安全值就是在混合气体中，当氧的含量低于某一极限值时，不会形成达到爆炸极限的混合气，也就不会发生爆炸。氧含量的这个安全值也称极限含氧量，通过控制这一指标，可使焊补操作得以安全进行。例如，氢气的爆炸下限为4.0%，上限为75%。在浓度为75%时，空气占25%，其中氧的含量为5.2%。也就是说当氧的含量小于5.2%时就不会形成达到爆炸极限的混合气体。但是爆炸性混合气体在不同的管径、压力和温度等条件下，有不同的爆炸极限范围，所以不能将常温常压下测得的数据与理论计算的数据应用于高压的情况，同时需考虑仪器检测的误差等情况。

无论是动火前还是整个焊补操作过程中，都要始终稳定控制系统中的含氧量要低于安全数值。这就要求生产负荷要平衡，前后工段要加强统一调度，关键岗位要有专人把关。要加强气体成分分析（应安置氧气自动分析仪），发现系统中氧含量增高时，应尽快找出原因及时排除。一旦发现氧含量超过安全值时应立即停止焊接。

2）严格控制动火点周围可燃气含量。在室内或室外进行容器的带压不置换动火焊补时，还必须分析动火点周围滞留空间的可燃物含量，以小于爆炸下限的1/3~1/4为合格。取样部位应考虑到可燃气的性质（如相对密度、挥发性）和厂房建筑的特点等正确选择。应注意检测数据的准确性和可靠性，确认安全可靠时再动火焊补。

3）正压操作。焊补前和整个操作过程中，带压不置换动火安全程度的关键是设备、管道必须连续保持稳定的正压。因为一旦出现负压，空气会进入动火的设备或管道而引起爆炸。

压力大小的选择，一般以不猛烈喷火为宜。压力太小，只有几十至一百多帕（几个或十几个毫米水柱）时，易造成压力波动，动火时压力波动会使空气漏入设备或管道里，形成爆炸性混合气。压力太大，气体流量、流速也大，喷出的火焰很大、很猛，焊条熔滴容易被气流冲走，给焊接操作造成困难。另外，穿孔部位的钢板，在火焰高温作用下容易变形或裂成更大的孔，从而喷出更大的火焰，造成事故。由于设备管道周围的温升，使内部气体膨胀，也易发生事故。

在选择压力时，要有一个较大的安全系数。在这个范围内，根据设备管道损坏的程度和容器本身可能降低的压力等情况，以喷火不猛烈为原则，具体选定压力大小。在实际生产中，压力一般可控制在1470~4900Pa之间。总之，对压力的要求就是应保持连续不断的低压稳定气流。穿孔裂缝越小，压力调节的范围越大，可使用的压力也就越高。反之，应考虑较小的压力。但是，绝对不允许在负压下焊接。

压力一般用 U 形水压计显示。压力计接在被焊接的设备取样管上，要有专人随时监视。

4）安全要求。为了防止焊接工作中发生事故，需要操作中遵循以下安全要求。

a. 焊接前要引燃从裂缝逸出的可燃气体，形成一个稳定的燃烧系统。在引燃和动火操作时，焊工不可正对动火点，以免出现压力突增，火焰急剧喷出烧伤施工人员的特殊情况。

b. 焊机电流的大小要预先调节好，特别是压力在 0.1MPa 以上和钢板较薄的设备，焊接电流过大容易熔穿金属，在介质的压力下会产生更大的孔。这种情况下最好使用直流焊机，其他一般使用交流焊机即可。

c. 焊接操作中如果猛烈喷火，应立即采取消防措施。在火未熄灭前，不得切断可燃气来源，也不得降低或消除系统的压力，以防设备管道吸入空气形成爆炸性混合气。焊接气柜时，如需灭火，要迅速降低气柜高度，使漏洞燃烧处浸入水槽中。

d. 遇到动火条件有变化，如系统内压力急剧下降到所规定的限度或氧含量超过允许值等情况，要马上停止动火。查明原因，采取相应对策后，方可继续进行焊补。

e. 补焊前要先弄清补焊部位的情况，如穿孔裂缝的位置、形状、大小及补焊的范围等。穿孔较小，可先做些类似小铁钉的铁丝，打入小孔后再焊补。穿孔裂缝较大，要预先做好覆盖在上面的钢板。钢板尽量和容器的表面贴紧，钢板的厚度要尽量和被焊补设备的厚度一致，以免焊接时和本体变形不一致，造成焊接困难（有条件时，最好用测厚仪准确的测量一下补焊范围的厚度）。另外，为了便于使用，钢板上可预先焊一个把手。

5）安全管理措施。除了与置换动火的安全管理措施相同外，还需要注意以下几点问题。

a. 必须做好严密的组织工作。要有专人进行严肃、认真的统一指挥。值班调度、有关工段的负责人和操作工在现场参加工作。特别是在控制压力和含氧量的岗位上要有专人负责。

b. 防护器材必须准备充分。现场要准备几套（视具体情况而定）长管式防毒面具。由于带压焊接在可燃气体未点燃前，会有大量超过允许浓度的有害气体逸出，施工人员带上防毒面具，是确保人身安全的重要措施。还须准备必要的灭火器材，最好是二氧化碳灭火器。

c. 焊工要有较高的技术水平。焊接要均匀、迅速，电流和焊条的选择要适宜。由于焊接是在带压、喷火焰的条件下进行，特别是一般要补焊的部位钢板都比较薄，这与焊接难度大的工件需要较高的焊接技术的道理一样。因此焊工还要预先经过专门培训，严禁不懂或技术差、经验少的焊工进行带压焊接作业。

7.3.2　登高焊割作业安全技术

焊工在离地面 2m 或 2m 以上的地点进行焊接与切割作业，即为登高焊割作业。

1. 登高焊割作业容易发生的事故

随着建筑业的发展和大型、重型设备安装、维修任务的增加，登高焊割作业也日益普遍。登高焊割作业容易发生的事故主要有。

（1）高空触电。在高空进行焊接与切割作业而发生的触电事故。

（2）高空坠落。高空坠落主要是由于焊工在高处作业时踩空、滑倒、支承物断裂以及因触电后失足造成的。

（3）高空火灾。在高空由于焊接与切割作业的火星、飞溅等引起的火灾。

（4）高空物体打击。由于高处物体坠落打击造成的工伤事故。

2. 登高焊割作业安全措施

（1）防触电。在高处接近 10kV 高压线或裸导线排时，水平、垂直距离不得小于 3m；在 10kV 以下的水平、垂直距离不得小于 1.5m，否则必须搭设防护架或停电，并经检查确认无触电危险后，方准操作。登高焊割作业不得使用带有高频振荡器的焊接设备。登高作业时，禁止把焊接电缆、气体胶管及钢丝绳等混绞在一起，也严禁缠在焊工身上操作。

电源切断后，应在电闸上挂出"有人工作，严禁合闸"的警告牌。登高焊割作业应设有监护人，密切注意焊工的动态。采用电焊时，电源开关应设在监护人近旁，遇有危险征兆时要立即拉闸，并进行处理。

（2）防高处坠落。凡登高进行焊割操作和进入登高作业区域，必须戴好安全帽，使用标准的防火安全带、穿胶底鞋。安全带应紧固牢靠，安全绳长度不可超过 2m，不得使用耐热性差的材料，如尼龙安全带和尼龙安全网等。雨天、雪天、雾天、6 级以上大风无措施时、安全措施不符合要求、酒后以及未经体检合格者，均不得登高焊割作业。

焊工登高作业时，应使用符合安全要求的梯子。梯脚需包敷橡皮垫以防滑，与地面夹角不应大于 60°，上下端均应放置牢靠。使用人字梯时应将单梯用限跨铁勾挂住，夹角为 40°±5°。不准两人在一把梯子上（或人字梯的同一侧）同时作业，不得在梯子上顶档工作。登高焊割作业的脚手架应事先经过检查，不得使用有腐蚀或机械损伤的木板或铁木混合板。脚手架单行人行道宽度不得小于

0.6m，双程人行道宽度不得小于 1.2m，坡度不得大于 1∶3，板面要钉防滑条并装扶手。使用安全网时要张挺，不得留缺口，而且层层翻高。应经常检查安全网的质量，发现有损坏时，必须废弃并重新张挺新的安全网。

（3）防火。登高焊割作业点及下方地面上散落的火星所及范围内，应彻底清除可燃易爆物品，一般在地面 10m 之内为危险区，应用栏杆挡隔。工作过程中需有专人看护，要铺设接火盘接火。焊割结束后，必须仔细检查工作地及下方地面是否留有火种，确认无隐患后，方可离开现场。

此外，登高焊割人员必须经过健康检查合格。患有高血压、心脏病、精神病和癫痫病等，以及医生证明不能登高作业者一律不准登高操作。

（4）防物体打击。登高焊割作业人员必须戴好安全帽，焊条、工具和小零件等必须装在牢固无孔洞的工具袋内。工作过程中及工作结束后，应随时将作业点周围的工具、焊条等物品装在工具袋内，应防止操作时落下伤人。可采用绳子吊运各种工具及材料，但大型零件和材料，应用起重工具设备吊运。不得在空中投掷材料或物件，焊条头不得随意下扔，从而避免砸伤、烫伤地面人员，同时也防止燃烧的焊条头引燃地面可燃物品。

7.3.3　水下焊接与切割

水下焊接与切割的热源目前主要采用的是电弧的热量（如水下电弧焊接、电弧熔割、电弧氧气切割等）以及可燃气体与氧气的燃烧热量（如水下氧氢焰气割）。使用可燃易爆气体和电流具有危险性，而水下条件特殊，则危险性更大，需特别强调安全问题。

1. 工伤事故及其原因

（1）爆炸。被焊割构件中存在有危险化学品、弹药等，焊割未经安全处理的燃料容器与管道、气割过程中形成爆炸性混合气等都是引起爆炸事故的主要原因。

（2）电击。因绝缘损坏漏电或直接触及电极等带电体引起的触电，触电痉挛可引起溺水二次事故。

（3）灼烫。炽热金属熔滴或回火易造成的烧伤、烫伤；烧坏供气管、潜水服等潜水装具，易造成潜水病或窒息。

（4）物体打击。水下结构物件的倒塌坠落，导致挤伤、压伤、碰伤和砸伤等机械伤亡事故。

（5）其他。作业环境的不安全因素，如风浪等引起溺水事故等等。

2. 准备工作的安全要求

焊割准备工作的安全要求如下。

（1）水下焊割前应查明作业区的周围环境，调查了解作业水深、水文、气象和被焊割物件的结构等情况。必须强调，应当让潜水焊割工有一个合适的工作位置，禁止在悬浮状态下进行操作。潜水焊割工可停留在构件上工作，或事先安装设置操作平台，从而使操作时不必为保持自身处于平衡状态而分神。否则，某种事故的征兆可能引起潜水焊割工仓促行动，而造成身体触及带电体，或误使割枪、电极（电焊条）触及头盔等事故。

（2）焊割炬在使用前应作绝缘、水密性和工艺性能的检查，需要先在水面进行实验。氧气胶管使用前应当用1.5倍工作压力的蒸汽或水进行清洗，胶管的内外不得黏附油脂。供电电缆必须检验绝缘性能。热切割的供气胶管和电缆每隔0.5m间距应捆扎牢固。

（3）潜水焊割工应备有通话器，以便随时同水面上的支持人员取得联系。不允许在没有任何通信联络的情况下进行水下焊割作业。潜水焊割工入水后，在其作业点的水面上，半径相当于水深的区域内，禁止同时进行其他作业。

（4）在水下焊割开始操作前应仔细检查整理供气胶管、电缆、设备、工具和信号绳等，在任何情况下，都不得使这些装具和焊割工本身处于熔渣溅落和流动的路线上。水下焊工应当移去操作点周围的障碍物，将自身置于有利的安全位置上，然后向支持人员报告，取得同意后方可开始操作。

（5）水下焊割作业点所处的水流速度超过0.1～0.3m/s，水面风力超过6级时，禁止水下焊割作业。

3. 安全措施

（1）预防爆炸的安全措施。水下焊割工作前，必须清除被焊割结构内部的可燃易爆物质，这类物质即使在水下已若干年，遇明火或熔融金属也会引起爆炸。

水下气割是利用氢或石油气与氧气的燃烧火焰进行的（乙炔气受压易发生爆炸性分解）。水下气割操作中燃烧剂含量比，一般很难调整合适，所以往往有未完全燃烧的剩余气体逸出水面，如遇阻碍则会积留在金属结构内，形成达到爆炸极限浓度的气穴。因此，潜水气焊工开始工作时应慎重考虑切割部位，以避免未燃气穴的形成。最好先从距离水面最近点着手，然后逐渐加大深度。对各类割缝来说，凡是在水下进行立割时，即无论气体的上升是否有阻碍物，都应从上向下进行切割。这样可以避免火焰经过未燃气体的停留聚集处，减小燃爆的危险。水面支持人员和水下切割潜水员在任何时候都要注意，防止液体和气体燃料泄漏并在水面上聚集，引起水面着火。

进行密闭容器、贮油罐、油管和贮气罐等水下焊割作业时，必须预先按照燃料容器焊补的安全要求采取技术措施（包括置换、取样分析化验等）后，方可焊割。禁止在无安全保障的情况下进行这类作业。切割密闭容器时应先开防爆洞。在任何情况下都禁止利用油管、船体、缆索或海水等作为电焊机回路的导电体。

（2）预防触电的安全措施。水下电弧的引弧和稳定燃烧，使电弧周围的水蒸发，产生空腔或气泡。由于水的冷却和压力，引弧所需的电压较地面高。从安全角度考虑水下焊接禁止使用交流电源设备。

水下焊接设备和电源应具有良好的绝缘和防水性能，还应具有抗盐雾、大气腐蚀和海水腐蚀性能。所有壳体应有水密保护，所有触点及接头都应进行抗腐蚀处理。潜水焊割工在水下直接接触的焊接设备和工具，都必须包敷可靠的绝缘护套，并应保证水密性。电焊机必须接地，接地导线头要磨光，以防受腐蚀。

在焊接或切割中，经常需要更换焊条。水下更换焊条是危险的操作，容易造成触电事故。潜水焊割工可能会遭电击而休克，或由于痉挛造成溺水等二次事故。因此，当电极熔化完需更换焊条时，必须先发出拉闸信号，确认电路已经切断，方可更换。

电极应彻底绝缘和防水，以保证电接触仅仅在形成电弧的地方出现。潜水焊割工在进行水下作业时，必须戴干燥绝缘手套穿干式潜水服，电流一旦接通，切勿将自身置于工作点与接地点之间，而应面向接地点，避免潜水盔与金属用具受电解作用以及将电焊条或电焊把触及头盔。任何时候都不可使自身成为回路的一部分。

（3）预防灼烫的安全措施。潜水焊割工应避免在自己的头顶上进行焊割作业，仰焊和仰割操作容易被坠落的金属熔滴灼伤或烧坏潜水装具。

焊割作业过程中会有熔化金属的滴落，这种熔滴可溅落相当长的距离（约1m）。虽然有水的冷却，但由于它具有一定的体积和很高的温度，一旦落进潜水服的折叠处或供气软管上就可能造成设备的烧穿损坏。此外，还有可能把操作时裸露的手面烧伤。对此类危险，焊割工应有所警惕。

（4）预防回火的安全措施。与普通割炬相比，水下切割炬火焰明显加大，以弥补切割部位消耗于水介质中的大量热量，焊接电极端头也具有很高温度。因此，潜水焊割工必须格外小心，避免由于自身活动的不稳定而使潜水服或头盔被火焰或电极灼烧。在任何情况下都不允许水下焊割工将割炬、割枪或电极对准自身和潜水装具。

割炬的点火器可在水面点燃带入水下作业点，也可带点火器到水下点火。由于潜水焊割工到达作业区，需要一段下潜时间，并且往往不得不在船体或结构缺口中曲折行动，如在水面点火可能有被火焰烧伤或烧坏潜水装具的危险。因此，除得到特殊许可外，潜水焊割工不得携带点燃的焊割炬下水。即使特殊需要，亦应注意，焊割炬点燃后要垂直携入水下，并应特别留神焊割炬位置与喷口方向，以免在潜水过程和越过障碍时，烧坏潜水服。

　　水下气割作业的另一种危险是气割作业时发生回火。这种现象常发生于点燃割炬、变换氧气瓶或可燃气瓶和气割工"下跌"时，后两种情况会造成燃烧混合气压力与切割炬承受的水柱静压力间失去平衡。更换空瓶时气体压力短时间内的下降能导致水压超过气压，迫使火焰返回割炬，造成回火。导致潜水服或供气管烧坏，还可能烧伤或烫伤潜水工。必须强调指出，潜水焊割工应当保护好供气管和潜水服。潜水服或供气管损坏将使供呼吸用气浓度降低，焊割工将在二氧化碳气体越来越浓的情况下呼吸，造成因呼吸条件失常所引起的疲劳或呼吸困难而被迫出水的情况。此时焊割工如违反规则而快速上升出水，压力的骤变会引起血管栓塞；如按规则上升，又可能引起二氧化碳中毒窒息。潜水服烧坏也会造成同样的后果。

　　为了防止回火可能造成的危害，除了在供气总管处安装回火防止器外，还应在焊割炬柄与供气管之间安装防爆阀。防爆阀由逆止阀和火焰消除器组成。前者阻止可燃气的回流，以免在胶管内形成爆炸性混合气，后者能防止一旦火焰流过逆止阀时引燃管中的可燃气。火焰消除器通常由几层细孔金属网组成。用于氢气和石油气等可燃气体的火焰消除器，其网孔最大直径为 0.1mm。此外，更换空瓶时如不能保持压力不变，应将焊割炬熄灭，待换好后再点燃，避免发生回火。

　　(5) 预防物体打击的安全措施。进行水下焊割作业时，应了解被焊割构件有无塌落危险。水下进行装配点焊时，必须查实点焊牢固而无塌落危险后，方可通知水面松开安装吊索。焊接临时吊耳和拉板，应采用与被焊构件相同或焊接性能相似的材料，并运用相应的焊接工艺，确保焊接质量。

　　水下切割，尤其是水下仰割或反手切割操作时，当被割工件或结构将要割断时，潜水切割工应给自身留出足够的避让位置，并且通知友邻及其底下操作的潜水员避让后，才能最后割断构件。潜水焊割工在任何时候都要警惕避免被焊割构件的坠落或倒塌压伤自身及压坏潜水装置、供气管等。

　　在使用等离子弧作水下切割时，以上安全经验也完全适用。

参考文献

[1] 国家质量技术监督局. GB 9448—1999 焊接与切割安全 [S]. 北京：中国标准出版社，2000.

[2] 中国机械工程学会焊接学会第Ⅶ专业委员会. 焊接卫生与安全 [M]. 北京：机械工业出版社，1987.

[3] 国家机械工业委员会. 初级气焊工工艺学 [M]. 北京：机械工业出版社，1988.

[4] 劳动与社会保障部教材办公室. 焊工工艺及技能训练 [M]. 北京：中国劳动出版社，2001.

[5] 刘胜新. 特种焊接技术问答 [M]. 北京：机械工业出版社，2009.

[6] 薛迪甘. 焊接概论. 2版. [M]. 北京：机械工业出版社，1987.

[7] 王文翰. 焊接技术问答. [M]. 郑州：河南科学技术出版社，2007.

[8] 冯明河. 焊接技能训练. 3版. [M]. 北京：中国劳动社会保障出版社，2005.

[9] 高忠民，金凤柱. 电焊工入门与技巧 [M]. 北京：金盾出版社，2005.

[10] 北京市机械工业局技术开发研究所. 焊工安全操作必读：上、下册 [M]. 北京：冶金工业出版社，2010.